21 世纪全国高职高专电子信息系列技能型规划教材

Protel 99 SE 印制电路板设计案例教程

主 编 王 静

副主编 夏西泉

北京大学出版社

PEKING UNIVERSITY PRESS

内 容 简 介

本书集编者二十多年 PCB 设计的实际工作经验和从事本课程教学的深刻体会于一体，从实际应用出发，以典型案例为导向，以任务为驱动，深入浅出地介绍了 Protel 99 SE 软件的基本功能、操作方法和实际应用技巧。本书主要内容包括：Protel 99 SE 软件简介、设计环境、原理图设计、层次原理图设计、PCB 板设计、PCB 板三维显示、PCB 规则约束及校验、交互式布线、原理图库、PCB 库的创建、电路设计与仿真等相关技术内容。

本书内容全面、图文并茂、通俗易懂、实用性强、直观性强，不仅可以作为高职高专电子、电气、计算机、通信等相关专业的教材，也可以作为从事电子线路设计的科技人员的学习和参考用书。

图书在版编目(CIP)数据

Protel 99 SE 印制电路板设计案例教程/王静主编. —北京：北京大学出版社，2012.8
(21 世纪全国高职高专电子信息系列技能型规划教材)
ISBN 978-7-301-21147-2

Ⅰ. ①P…　Ⅱ. ①王…　Ⅲ. ①印制电路—计算机辅助设计—应用软件—高等职业教育—教材　Ⅳ. ①TN410.2

中国版本图书馆 CIP 数据核字(2012)第 194008 号

书　　　　名：	Protel 99 SE 印制电路板设计案例教程
著作责任者：	王　静　主编
策 划 编 辑：	张永见
责 任 编 辑：	李娉婷
标 准 书 号：	ISBN 978-7-301-21147-2/TM · 0047
出　版　者：	北京大学出版社
地　　　址：	北京市海淀区成府路 205 号　100871
网　　　址：	http://www.pup.cn　http://www.pup6.cn
电　　　话：	邮购部 62752015　发行部 62750672　编辑部 62750667　出版部 62754962
电 子 邮 箱：	pup_6@163.com
印　刷　者：	河北滦县鑫华书刊印刷厂
发　行　者：	北京大学出版社
经　销　者：	新华书店

787mm×1092mm　16 开本　18.25 印张　420 千字
2012 年 8 月第 1 版　2012 年 8 月第 1 次印刷

定　　　价：35.00 元

前　言

随着电子工业和微电子设计技术与工艺的飞速发展，电子信息类产品的开发周期明显缩短，为了满足社会发展的需要，高效、便捷的计算机辅助设计 CAD 软件也应运而生。Protel 99 SE 就是这些软件中的典型代表。在众多计算机辅助设计工具云集的今天，历经考验的 Protel 99 SE 仍以其易用、高效等优点赢得了众多电子设计者的青睐。

纵观 Protel 系列软件发展历程。

1985 年　诞生 DOS 版 Protel Tango。

1991 年　诞生 Protel for Windows。

1998 年　诞生 Protel 98，这一 32 位产品是第一个包含 5 个核心模块的 EDA 工具。

1999 年，Protel 99 构成从电路设计到板级分析的完整体系。

2000 年，Protel 99 SE 性能进一步提高，可以对设计过程有更大的控制力。

2002 年，Protel DXP 集成了更多工具，使用方便，功能强大。

2003 年，Protel 2004 对 Protel DXP 进行了进一步完善。

2001 年，Protel Technology 公司改名为 Altium 公司，整合了多家 EDA 软件公司，成为业内的巨无霸，推出 Altium Designer 软件。

2006 年推出 Altium Designer 6，集成了更多工具，使用方便，功能更强大。

2009 年推出 Altium Designer 9，适合高速复杂板级设计、FPGA 设计、嵌入式设计。

2011 年推出 Altium Designer 10。

本书以 Protel 99 SE 为基础，从实用角度出发，以丰富、专业的电路实例为基础，由浅入深、循序渐进地讲解了从基础的原理图设计到复杂的印制电路板设计与应用。

本书打破了传统教材中先讲原理图再讲 PCB 设计的写作手法，而是使读者不知不觉地在学习由简单到复杂的案例中快速掌握该软件的使用方法。

本书共分为 13 个项目，简介如下。

项目 1 为 Protel 99 SE 的基础知识，介绍 Protel 99 SE 软件的安装步骤，界面以及系统环境的设置。读完该项目后，读者对 Protel 99 SE 平台会有一定的直观了解，消除新手对于 Protel 99 SE 平台使用的陌生感。

项目 2~3 以"多谐振荡器电路"为例介绍其原理图及 PCB 设计的基础知识，通过这两个项目的学习，读者对该软件的功能将有初步了解，并能进行简单的原理图及 PCB 设计。

项目 4~5 介绍原理图库、PCB 封装库。常设计 PCB 板的读者可能有这样的体会：在设计 PCB 板时，经常有些元器件在软件提供的库里面找不到，所以读者掌握了这两个项目的知识后，就不会为找不到元器件而苦恼。

项目 6 介绍原理图绘制的环境参数及设置方法，以方便读者根据自己的使用习惯进行参数设置，得心应手地使用该软件。

项目 7 通过一个实例"数码管显示电路原理图绘制"验证项目 4 建立的元器件库的正确性，调用项目 6 创建的原理图图纸模板。这里的"数码管显示电路"原理图稍加修改就变成单片机控制的 4 位电子钟电路。

项目 8 介绍 PCB 板的编辑环境及参数设置。

项目 9 完成"数码管显示电路"的 PCB 设计，并通过该实例验证项目 5 建立的封装库的正确性以及 PCB 编辑环境设置的合理性，并进行设计规则介绍。

在"数码管显示电路"的 PCB 板设计的基础上，项目 10 进行交互式布线及 PCB 板的设计技巧介绍。

项目 11 通过"数码管显示电路"实例介绍各种输出文件的建立，如元件清单表的产生、电路原理图的打印、PCB 板信息报表的生成、PCB 板的打印等内容。

项目 12 通过"机器人电机驱动电路"实例介绍层次原理图设计方法，并完成相应的 PCB 设计。

项目 13 通过"多谐振荡器电路"实例介绍电路的仿真分析。

本书由王静任主编并负责统稿，夏西泉任副主编。具体编写分工如下：王静编写了项目 1～13，杨佳参与了项目 2、3 的部分编写工作。

编者在本书编写过程中得到亿道电子技术有限公司许世奇、金黎杰、郑晶翔等高级工程师的技术支持和指导，同时，得到重庆电子工程职业学院包华林、龚小勇、李晓斌、唐云、武春岭、徐宏英、李斌、李毅、李永前等老师，郑昌帝同学以及四川外语学院刘亭亭同学的关心和帮助，在此，对他们无私的指导和帮助表示衷心的感谢。

在编写过程中，编者参阅了许多同行专家的编著文献，在此一并真诚致谢。

由于编者水平有限，时间比较仓促，书中的疏漏和不妥之处在所难免，敬请读者通过 E-mail: wangjingad09@126.com 提出宝贵的意见并批评指正。

编 者

2012 年 5 月

目　　录

项目 1

Protel 99 SE 软件介绍

教学目标

(1) 了解 Protel 99 SE 软件的基本功能。
(2) 熟练掌握 Protel 99 SE 软件的安装。
(3) 熟悉 Protel 99 SE 软件的编辑界面。
(4) 了解电路原理图设计系统、印制电路板设计系统。
(5) 了解 Protel 99 SE 系统参数设置。

教学要求

能力目标	相关知识	权重
Protel 99 SE 软件的基本功能	电路原理图设计组件 印制电路板设计组件 电路仿真组件 可编程逻辑器件组件	10%
Protel 99 SE 软件的安装	安装 Protel 99 SE 主程序 安装 Protel 99 SE 补丁程序	35%
Protel 99 SE 软件界面	Protel 99 SE 软件的常用启动方法 Protel 99 SE 原理图编辑界面 Protel 99 SE PCB 编辑界面 Protel 99 SE 软件的关闭	35%
Protel 99 SE 系统参数设置	文件自动备份设置 字体设置 对话框信息显示完整性的设置	15%
Protel 99 SE 项目设计组管理	设置系统管理员密码 设置工作组成员的工作权限	5%

任务描述

本项目的主要任务是介绍 Protel 99 SE 软件基础知识、软件安装方法、软件设置方法等。通过本项目的学习，读者完全能够了解 Protel 99 SE 软件的基本功能，掌握 Protel 99 SE 软件的安装，熟悉 Protel 99 SE 软件界面，正确地打开各个设计数据库文件，完成自动保存时间间隔及保存路径等参数的设置方法。项目 1 将涵盖以下主题。

(1) Protel 99 SE 软件安装。

(2) Protel 99 SE 软件界面的认识。

(3) Protel 99 SE 软件参数设置。

(4) Protel 99 SE 项目设计组管理。

1.1　Protel 99 SE 简介

随着电子行业的飞速发展，电子线路的设计日趋复杂，传统的人工方式早已无法适应，取而代之的是便捷、高效的计算机辅助设计方式，许多电子设计 CAD 软件也应运而生。Protel 就是这些软件中的典型代表。在众多计算机辅助设计工具云集的今天，历经考验的 Protel 99 SE 仍以其易用、高效等优点赢得了众多电子设计者的青睐。

Protel 99 SE 是由澳大利亚 Protel Technology 公司推出的运行于 Windows 9X/2000/XP 等操作系统之上的电路设计系统，它建立在 Protel 独特的设计管理器(Design Explorer)基础之上，可以进行联网设计，具有很强的数据交换能力和开放性及 3D 视图预览功能，是一款 32 位的设计软件，可以完成电路原理图设计、印制电路板(PCB)设计、可编程逻辑器件设计和数/模混合电路仿真等，可以设计 32 个信号层，16 个电源——地层和 16 个机加工层。Protel Technology 公司网址为 http://www.protel.com(http://www.altium.com)，用户如果需要进行软件升级或获取更详细的资料，可以到上述网站查询。

Protel 99 SE 中的主要功能模块基本上可以分为 4 大组件，即：

(1) 电路原理图设计组件。该组件主要用于电路原理图设计、原理图元器件设计和各种原理图报表生成等。

(2) 印制电路板 PCB 设计组件。该组件提供了一个功能强大和交互友好的 PCB 设计环境，主要用于 PCB 设计、元器件封装设计、自动布线设计、报表形成及 PCB 输出等。

(3) 电路仿真组件。该组件是一个基于最新 Spice 3.5 标准的仿真器，为用户的设计前端提供了完整、直观的解决方案。

(4) 可编程逻辑器件组件。该组件是一个集成的 PLD 开发环境，可使用原理图或 CUPL 硬件描述语言作为设计前端，能提供工业标准 JEDEC 输出。

本书主要介绍 Protel 99 SE 软件的电路原理图设计组件和 PCB 设计组件。

Protel 99 SE 具有专题数据库管理环境，不同于以前的 Protel for DOS 及 Protel for Windows 版本，这些版本的 Protel 对设计文档没有统一的管理机制。例如，原理图文件的编辑管理与印制板图的编辑管理相互独立，各自用相应的应用软件来进行处理，这使得用户常常不得不在几个应用程序之间频繁地切换，给用户带来极大的不便。Protel 99 SE 采用专题数据库管理方式，使某一设计项目中的所有设计文档都放在单一数据库中，给设计与管理带来了许多方便。

由于 Protel 99 SE 软件很小，大约 100MB，所以对硬件的要求很低，大约 10 年前的计算机都可以使用该软件，以下配置是 10 年前计算机的配置，目前计算机一般都可满足该要求。

1. 硬件配置

(1) 基本配置： CPU   Pentium II 233MHz；
                内存   32MB；
                硬盘   300MB；
                显示器   15 英寸以上；
                显示分辨率   800×600 像素以上。

(2) 建议配置： CPU   Pentium II 300MHz 以上；
                内存   128MB 以上；
                硬盘   6GB 以上；
                显示器   17 英寸以上；
                显示分辨率   1280×1024 像素。

2. 操作系统

(1) Microsoft Windows NT 4.0 或以上版本(含中文版)。
(2) Microsoft Windows 98/95 或以上版本(含中文版)。

1.2 Protel 99 SE 软件的安装

Protel 99 SE 的安装很简单，与大多数 Windows 程序类似，只需要按照安装向导的提示进行操作即可，具体安装步骤如下。

1.2.1 安装 Protel 99 SE 主程序

运行 Protel 99 SE 安装目录中的 Setup.exe 文件，显示图 1-1 所示的欢迎界面。

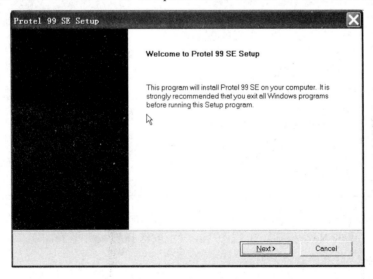

图 1-1 欢迎界面

单击 Next 按钮，出现图 1-2 所示的输入注册码界面。

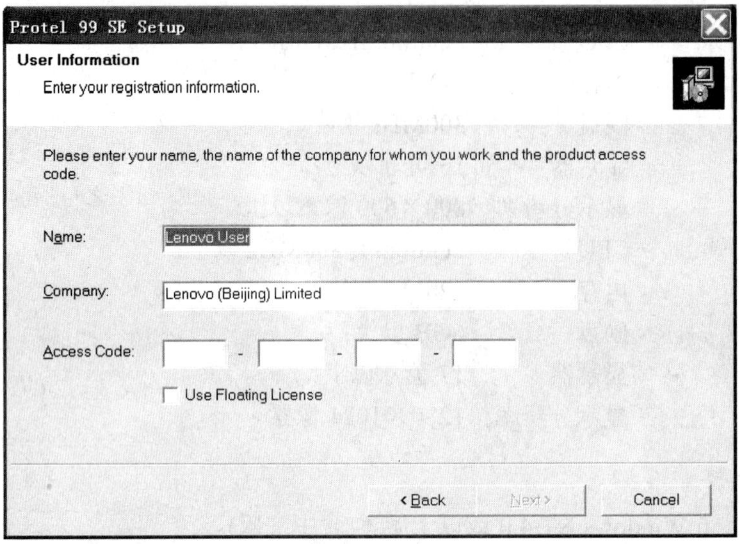

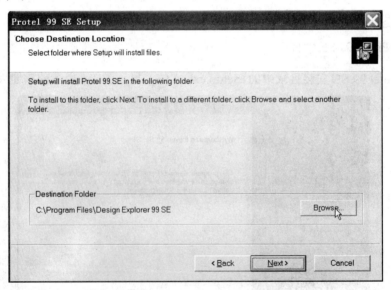

图 1-2　输入注册码界面

在图 1-2 中的 Name(名字)与 Company(公司)栏内任意输入，在 Access Code(注册码)栏内输入注册码，不选中 Use Floating License 复选框，单击 Next 按钮，出现图 1-3 所示界面。

在图 1-3 所示的选择安装路径界面中单击 Browser 按钮，选择安装路径，一般把盘符 C 盘改成 D 盘即可。

图 1-3　选择安装路径

在图 1-3 中单击 Next 按钮，出现图 1-4 所示的选择安装类型界面。

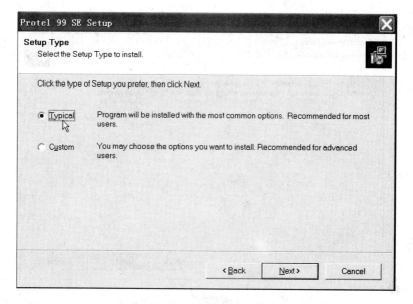

图 1-4 选择安装类型

在图 1-4 中，对于大多数用户，选择典型(Typical)安装，对于特殊要求的用户选择定制
(Custom)安装，单击 Next 按钮，出现图 1-5 所示的选择文件夹对话框。

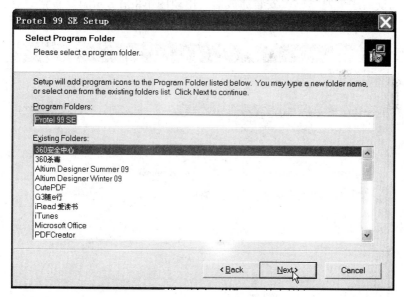

图 1-5 选择文件夹对话框

在图 1-5 中，一般选择默认值，单击 Next 按钮，出现图 1-6 所示的开始复制文件确认
对话框。

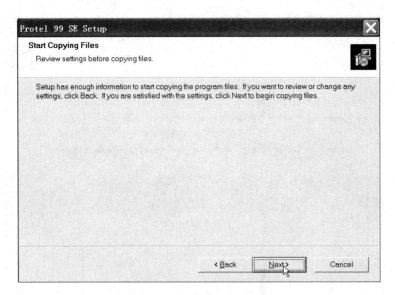

图 1-6　开始复制文件确认对话框

　　在图 1-6 中的复制文件确认对话框内，确认该计算机要有足够的硬盘空间安装文件，如果以上的设置有问题，单击 Back 按钮返回上一步，否则单击 Next 按钮开始安装。出现图 1-7 所示的安装进度对话框。安装完成后，出现图 1-8(a)所示的安装完成对话框。

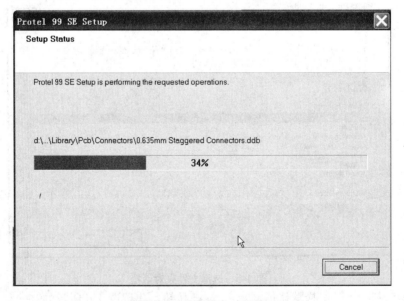

图 1-7　安装进度对话框

　　在图 1-8(a)所示的安装完成对话框中，单击 Finish 按钮，安装就结束了。在桌面上可以看到图 1-8(b)所示的图标。

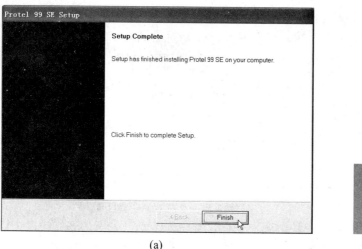

(a)　　　　　　　　　　　　　　　　　　　　　(b)

图 1-8　安装完成对话框及桌面显示图标

1.2.2　安装 Protel 99 SE 补丁程序

进入 Service Pack 6 的文件夹，执行 Protel 99 SE Service Pack 6.exe 文件，显示图 1-9、图 1-10 所示的对话框。

图 1-9　补丁程序开始安装界面

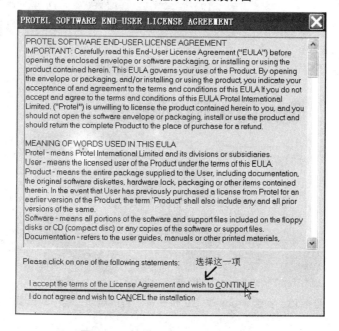

图 1-10　接受协议(License)对话框

在图 1-10 中选择 I accept the terms of the License Agreement and wish to CONTINUE(我接受制造商的许可协议并继续)项，显示图 1-11 所示对话框。

图 1-11　补丁程序已检测到一个有效的安装目录

在图 1-11 中，补丁程序已检测到一个有效的安装目录(注意：不要修改这个目录)，单击 Next 按钮继续安装，安装完成后，显示图 1-12 所示安装完成对话框。

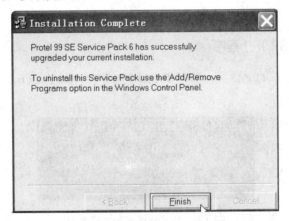

图 1-12　安装完成对话框

在图 1-12 中，单击 Finish 按钮，即完成 Protel 99 SE SP6 补丁程序的安装。

重新启动 Protel 99 SE 软件，启动过程中的一个界面如图 1-13 所示，启动成功后，图 1-13 所示界面消失，显示图 1-14 所示的启动界面，然后退出 Protel 99 SE。

图 1-13　安装 Protel 99 SE SP6 补丁程序启动过程中的界面

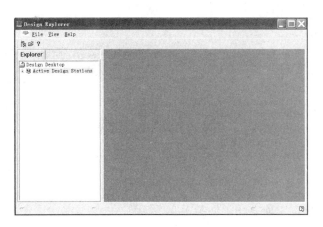

图 1-14　启动好的英文版 Protel 99 SE 主窗口

1.2.3　Protel 99 SE 汉化

由于得到 Protel 99 SE 软件的渠道不同，安装汉化的步骤有一些差异，具体按软件的安装说明进行操作。在此就以常用方法进行介绍：将附带光盘中的 client99se.rcs 文件复制到 Windows 根目录中。

特别提示

在复制中文菜单前，先启动一次 Protel 99 SE，关闭后将 Windows 根目录中的 client99se.rcs 英文菜单保存起来。如果不需要中文菜单，把保存好的 client99se.rcs 英文菜单文件复制到 Windows 根目录中即可。

重新启动 Protel 99 SE 软件，汉化后的启动界面如图 1-15 所示。

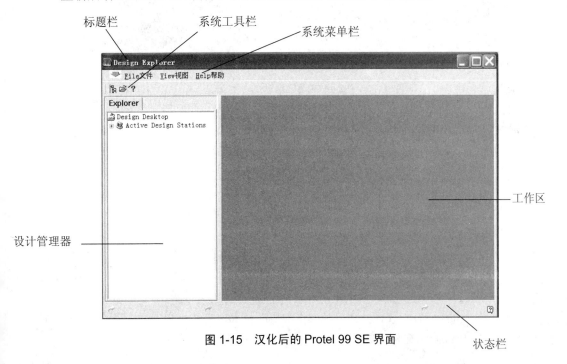

图 1-15　汉化后的 Protel 99 SE 界面

1.3 熟悉 Protel 99 SE 软件界面

Protel 99 SE 启动后，进入主窗口如图 1-15 所示，用户可以使用该页面进行文件的操作，如创建新数据库、打开文件、参数设计等。该系统界面由系统菜单栏、系统工具栏、工作区和设计管理器、标题栏、状态栏等部分组成。

1.3.1 启动 Protel 99 SE 的常用方法

启动 Protel 99 SE 有 3 种方法，如图 1-16 所示。

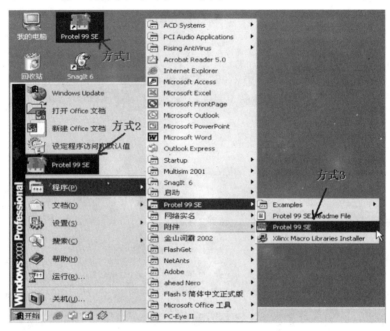

图 1-16 Protel 99 SE 启动的 3 种方法

(1) 用鼠标双击 Windows 桌面的快捷方式图标，进入 Protel 99 SE。

(2) 通过开始菜单启动，执行"开始"→Protel 99 SE 命令，进入 Protel 99 SE。

(3) 从程序组中启动，执行"开始"→"程序"→Protel 99 SE 命令，进入 Protel 99 SE。

1.3.2 熟悉 Protel 99 SE 软件界面

Protel 99 SE 启动后，屏幕出现启动画面，几秒钟后，系统进入 Protel 99 SE 主窗口，如图 1-15 所示。

执行菜单 File→Open 命令可以打开一个设计数据库，屏幕弹出图 1-17 所示的打开文件对话框，在"查找范围"框内一步一步查找安装 Protel 99 SE 时的文件夹：D:\Program Files\Design Explorer 99 SE\Examples(在 Protel 99 SE 的安装文件夹下的 Examples 文件夹内有一些系统提供的示例)，选择 4 Port Serial Interface.ddb 文件，单击"打开"按钮，显示图 1-18 所示打开数据库文件主窗口。

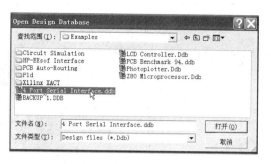

图 1-17　打开已存在的设计数据库

标题栏　　工具栏　　　　　　　　菜单栏　　　　　　　文件切换标签

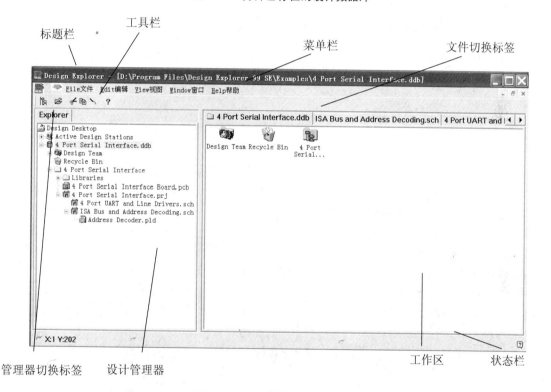

管理器切换标签　　设计管理器　　　　　　　　　　　工作区　　　状态栏

图 1-18　打开数据库文件主窗口

在图 1-18 所示的数据库文件主窗口内，认识窗口各部分的名称，以方便后面的操作。在图 1-18 所示的设计管理器内，双击 4 Port UART and Line Drivers.sch 原理图文件，显示图 1-19 所示的原理图编辑窗口。

在原理图编辑窗口内，可以单击工具栏上的"放大"按钮 （快捷键：Page Up），放大原理图，以让原理图显示清楚；也可单击工具栏上的"缩小"按钮 （快捷键：Page Down)，缩小原理图。可按工作区内边框上的"滑块"上下、左右移动原理图。

执行菜单 View→Fit Document 命令，显示整个原理图图纸，如图 1-19 所示；

执行菜单 View→Fit All Objects 命令，显示整个绘制的原理图，不含边框；

执行菜单 View→Area 命令，显示设计者选中的区域；

执行菜单 View→Around Point 命令，显示以鼠标单击的第一点为中心，鼠标单击的第二点为半径的区域；

执行菜单 View→Refresh 命令或按键盘上的 End 键，刷新图纸，消除图纸上的显示残迹。

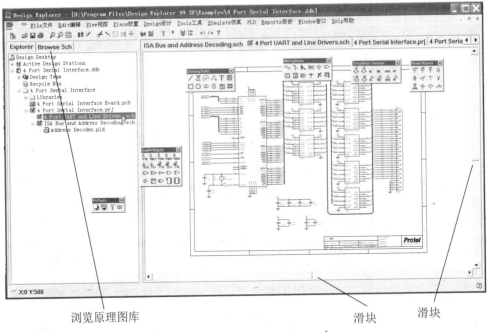

浏览原理图库　　　　　　　　　　　　　　　　　　滑块　　　滑块

图 1-19　原理图编辑窗口

　　在图 1-18 所示的设计管理器内，双击 4 Port Serial Interface Board.pcb 印制电路板文件，显示图 1-20 所示的印制电路板(PCB)编辑窗口。对该窗口的放大、缩小、上下、左右移动的操作，同原理图类似。在图 1-18 所示的设计管理器内，还可以打开其他文件查看，有 ISA Bus and Address Decoding.sch 原理图文件、有 4 Port Serial Interface.prj 层次原理图文件、有 Address Decoder.pld 文件。有库文件包含 4 Port Serial Interface Schematic Library.lib 原理图库文件、4 Port Serial Interface PCB Library.libPCB 库文件。认识这些图纸时，了解这些图纸的功能，在后面的各项目中再仔细地介绍绘制原理图、设计 PCB 板、建立原理图库、建立 PCB 封装库、设计层次原理图等功能。

系统参数设置按钮

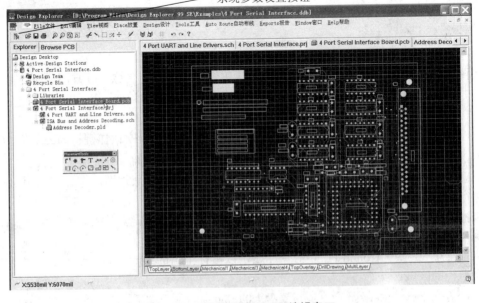

图 1-20　印制电路板(PCB)编辑窗口

右击文件切换标签，显示的下拉菜单如图 1-21 所示，选择 Split Vertical 命令表示垂直分开工作区，选择 Split Horizontal 命令表示水平分开工作区，选择 Tile All 命令表示在工作区显示所有打开的文档，如图 1-22 所示。在图 1-22 所示的界面内，选择 Merge All 命令，工作区内显示一个文档，选择 Close 命令关闭选中的文档，选择 Close All Documents 命令关闭所有的文档。

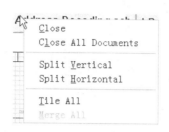

图 1-21 按需要划分工作区

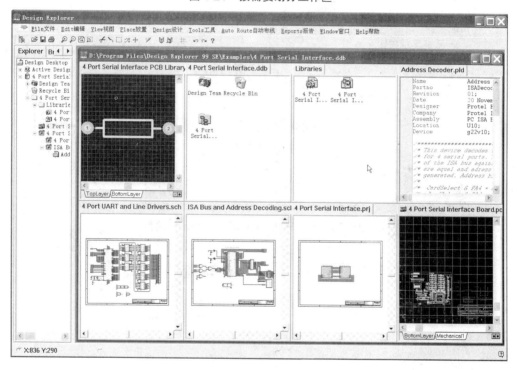

图 1-22 工作区显示所有打开的文档

1.3.3 Protel 99 SE 的关闭

在退出 Protel 99 SE 以前要注意保存设计的各种文件，以免设计数据丢失。

(1) 执行菜单 File→Exit 命令退出 Protel 99 SE，如图 1-23 所示。

(2) 单击标题栏的"退出"按钮▣ 或"系统菜单"按钮▣退出 Protel 99 SE，如图 1-24 所示。

退出时，如果有文件没有保存，系统会弹出是否保存对话框，如图 1-25 所示。如果退出时，要对所有的文档进行操作，选中 Apply to all documents 复选框，单击 Yes 按钮保存退出，单击 No 按钮不保存退出，单击 Cancel 按钮不退出。

图 1-23　执行菜单命令退出 Protel 99 SE

图 1-24　单击标题栏的"退出"按钮或"系统菜单"按钮退出 Protel 99 SE

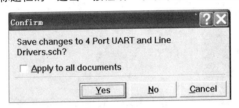

图 1-25　退出 Protel 99 SE 时的询问对话框

1.4　Protel 99 SE 系统参数设置

根据用户使用的操作系统不同，Protel 99 SE 在使用前一般需要对软件系统参数进行一些设置。

1. 自动备份设置

在操作设计的过程中，往往由于种种原因造成设计数据库文件来不及保存就退出了，绘图者只好重新操作，从而降低了设计工作的效率。因此必须对设计数据库文件进行有关自动保存设置。自动保存的设置方法如下。

单击 File 菜单左侧的 ▬▬ 按钮，选择 Preference 命令，出现 Preferences 对话框，如图 1-26 所示，单击 Auto-Save Settings 按钮，出现 Auto Save 对话框，如图 1-27 所示，选中 Enable 复选框，在 Time Interval 处设置文件先后自动保存的时间间隔，系统默认的自动保存时间间隔为 30min。在 Number 处设置文件先后自动备份的数目，系统默认的自动备份数为 3 个，系统默认的自动备份文件夹的路径为安装软件的路径 D:\Program Files\Design Explorer 99 SE\Backup。也可根据需要自己指定保存备份文件的文件夹，方法是选中 Use backup folder 复选框, 然后单击 Browse 按钮指定保存备份文件的文件夹。

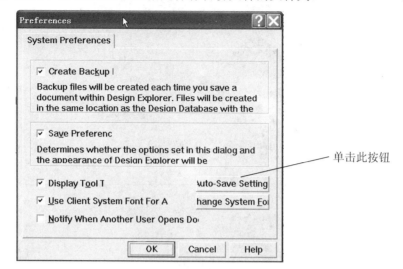

图 1-26　Preferences 对话框

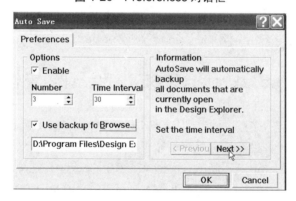

图 1-27　Auto Save 对话框

特别提示

需要特别说明的是, 在 Auto Save 对话框中, 如果取消选中 Enable 复选框, 系统就取消了自动保存功能, 也就不存在自动备份文件了, 一旦在设计的过程中因断电或其他原因意外退出而没来得及保存文件, 则此次所做的工作就白废了, 文件仍为最后一次保存后的内容。因此用户在设计时最好不要取消选中 Enable 复选框。

2. 字体设置

单击图 1-26 中的 Change System Font 按钮, 弹出图 1-28 所示的字体设置对话框, 可以进行字体、字形、字号大小、字体颜色等设置。

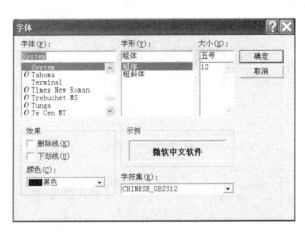

图 1-28　字体设置对话框

3. 对话框信息显示完整性的设置

在默认状态下，打开某些对话框时发现有的文字显示不全，如图 1-26 所示，不能准确地理解有关信息的意义，正确的设置方法：在图 1-26 的 Preferences 对话框中，取消选中 Use Client System Font For All Dialogs 复选框，单击 OK 按钮，这样系统即采用默认的字号，而不是用户设定的字号，所有对话框的信息即可显示完整。

1.5　Protel 99 SE 项目设计组管理

Protel 99 SE 提供了一系列的工具来管理多个用户同时操作项目数据库，这就为多个设计者同时工作在一个项目设计组提供了安全保障。每个数据库在默认时都带有设计工作组(Design Team)，包括 Members、Permissions 和 Sessions 这 3 个部分，如图 1-29 所示。

Members 自带两个成员，即系统管理员(Admin)和客户(Guest)。新建一个项目数据库时，一般建库者即为该项目的管理员，管理员可以设置密码、创建设计组成员和设置成员的工作权限。

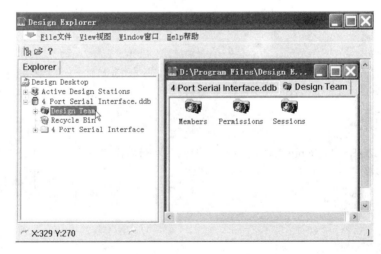

图 1-29　设计工作组

1. 设置系统管理员密码

双击图 1-29 中的 Members 图标，弹出图 1-30 所示的设计组成员选项卡，显示当前已存在的设计组成员，双击选项卡中的 Admin 图标，弹出系统管理员密码设置对话框，如图 1-31 所示，在 Password 栏中输入密码，并在 Confirm Password 栏中再次输入相同密码，单击 OK 按钮完成密码设置。

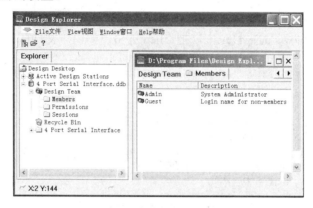

图 1-30　设计组成员对话框

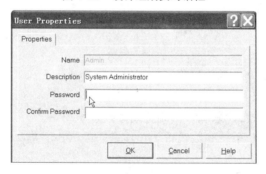

图 1-31　设置系统管理员密码

2. 设置工作组成员的工作权限

在图 1-29 所示的设计工作组(Design Team)中，双击 Permission 图标，弹出图 1-32 所示的 Permission 选项卡，Permissions 用于设置当前成员的工作权限，其中包括各个成员对设计数据库中的文件进行读(R)、写(W)、删除(D)和创建(C)等操作权限。

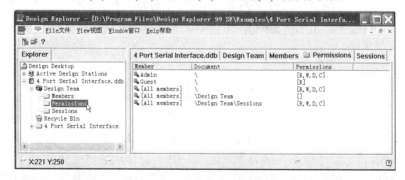

图 1-32　设置工作组成员的权限

1.6 Protel 99 SE 汉化版本的卸载

由于 Protel 99 SE 汉化版本使用起来有的时候功能不尽人意，所以最好把汉化版本去掉重装英文版本，方法如下。

(1) 把汉化版本卸载，并删除安装文件夹下的所有文件。

(2) 进入到 Windows 的根目录中，把 Client99SE.*的所有文件删除。

(3) 重启计算机，重新安装 Protel 99 SE 软件即为英文版本。

特别提示

必须执行方法(2)，否则设计者把汉化版本卸载，重新安装后还是汉化版本。

本书以 Protel 99 SE 的英文版本进行介绍。

1.7 项 目 实 训

实训目的

(1) 熟练掌握 Protel 99 SE 软件的安装。

(2) 熟悉 Protel 99 SE 软件的编辑界面。

(3) 了解电路原理图设计系统、印制电路板设计系统。

(4) 了解 Protel 99 SE 系统参数设置。

实训任务

(1) 完成 Protel 99 SE 安装。

(2) 在安装 Protel 99 SE 时的文件夹 D:\Program Files\Design Explorer 99 SE\Examples 内，打开 Z80 Microprocessor.ddb 文件，查看各电路原理图文档、印制电路板文档、原理图库文档、PCB 库文档，执行 Split Vertical、Split Horizontal、Tile All、Merge All、Close、Close All Documents 等操作，熟练掌握 Protel 99 SE 的编辑界面。

(3) 在 Preferences 对话框中设置每隔 15min 自动保存文件，最大保存文件数设置为 2，保存路径设置在桌面。

项 目 小 结

电子设计自动化(EDA)技术是在计算机辅助设计(CAD)技术基础上发展起来的，利用 EDA 工具，可以缩短设计周期，提高设计效率，减小设计风险。

Protel 99 SE 是采用设计库管理模式，可进行联网设计，具有很强的数据交换能力和开放性及 3D 模拟功能，是一个 32 位的设计软件，可以完成电路原理图、印制电路板设计和可编程逻辑器件设计与电路仿真等功能。

　　本项目介绍了 Protel 99 SE 软件的安装：首先安装主程序；然后安装补丁程序；最后汉化该软件。介绍 Protel 99 SE 软件的主窗口、电路原理图编辑窗口、印制电路板编辑窗口，读者应熟悉各窗口的使用。其次介绍了 Protel 99 SE 参数的设置方法等功能。最后介绍了 Protel 99 SE 汉化版本的卸载。

学习思考题

　　1. Protel 99 SE 包含哪几个基本组件？分别说明其功能。

　　2. Protel 99 SE 对运行环境有什么要求？

　　3. Protel 99 SE 文档管理采用设计数据库文件管理方式有什么好处？

　　4. 说明 Protel 99 SE 的主窗口界面的基本组成部分的含义。

项目 2

绘制多谐振荡器电路原理图

教学目标

(1) 熟悉原理图设计的一般步骤。

(2) 熟练掌握原理图设计。

(3) 熟悉电路的 ERC 检查。

教学要求

能力目标	相关知识	权重
原理图设计的一般步骤	创建一个数据库文件 图纸设置 加载元器件库 放置元器件 调整元器件布局位置 进行布线 电路的 ERC 检查	35%
绘制原理图	原理图库管理器 在原理图中放置元器件 元器件移动的方法 元器件删除的方法 元器件旋转的方法 元器件镜像的方法 连接电路 网络标记	50%
电路的 ERC 检查	ERC 电气规则检查 ERC 检查步骤 ERC 检查结果	15%

任务描述

本项目通过一个简单的实例说明如何创建一个新的设计数据库文件，如何创建原理图图纸，如何绘制电路原理图，如何检查电路原理图中的错误，并将以多谐振荡器电路为例，进行相关知识点的介绍。通过本项目的学习，设计者能进行简单的原理图绘制。本项目中将涵盖以下主题。

(1) 建立设计数据库文件、建立原理图文件。

(2) 在系统提供的原理图库内查找元件。

(3) 加载库文件。

(4) 绘制图 2-1 所示的多谐振荡器电路原理图。

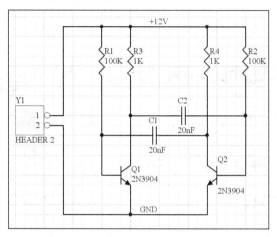

图 2-1　多谐振荡器电路原理图

2.1　电路原理图设计的一般步骤

电路原理图设计的一般步骤如图 2-2 所示。

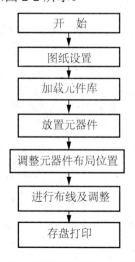

图 2-2　原理图设计的一般步骤

Protel 99 SE 是通过设计数据库文件(设计数据库文件的扩展名为.ddb)管理设计过程中的全部文件。若要进行电路原理图设计，首先需要建立一个设计数据库文件，然后在该数据库文件中建立电路原理图设计文件和印制电路板文件。设计数据库文件的建立过程如下。

2.2 创建一个新设计数据库文件

(1) 启动 Protel 99 SE 软件。注意：在启动 Protel 99 SE 软件之前，先在硬盘上新建一个文件夹，文件夹取名为多谐振荡器(即 F:\多谐振荡器)。这样做的好处是所有的文件都放在该文件夹下，避免文件找不到的情况。

(2) 新建设计数据库文件。执行菜单 File→New 命令，弹出 New Design Database(新的设计数据库)对话框，在该对话框图内单击 Browse 按钮，将数据库文件保存的路径设为第一步建立的文件夹：F:\多谐振荡器，如图 2-3 所示。

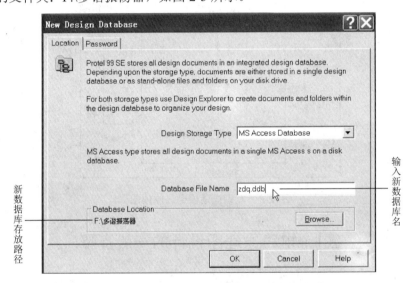

图 2-3 建立新的设计数据库文件对话框

(3) 数据库存储类型，选择 MS Access Database 保存类型。

(4) 数据库的文件名(默认为 Mdesign.ddb)可以根据设计者的需要进行修改，在此修改为"zdq.ddb"。修改完后，单击 OK 按钮，Design Explorer 对话框出现，如图 2-4 所示。

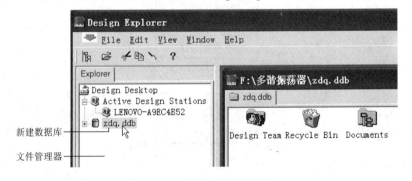

图 2-4 新建的数据库文件

2.3　创建一个新的原理图图纸

2.3.1　创建一个新的原理图图纸的步骤

(1) 选择文件管理器的 Document 文件夹，执行菜单 File → New 命令，出现一个名为 New Document 的对话框，如图 2-5 所示。

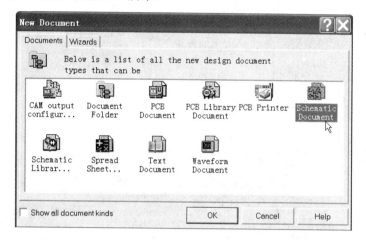

图 2-5　New Document 对话框

(2) 在图 2-5 所示的对话框中选中 Schematic Document 图标，单击 OK 按钮或双击该图标就可以完成新的原理图文件的创建，如图 2-6 所示，默认的文件名为"Sheet1.Sch"。

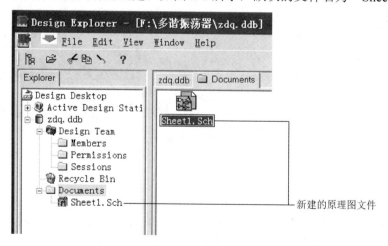

图 2-6　新建文件名为"Sheet1.Sch"的原理图文件

(3) 修改文件名。方法如下：在工作窗口需要更名的文件上右击，弹出下拉菜单如图 2-7 所示，选择 Rename(重命名)命令，该文件名立刻变成可编辑状态，如图 2-8 所示，将文件名更改为"zdq.sch"。注意：更改文件名时，该文件一定要关闭。

图 2-7　更名菜单

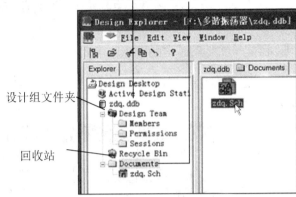

图 2-8　文件更名成功

(4) 双击 zdq.sch 文件，进入 Protel 99 SE 原理图编辑的操作界面，如图 2-9 所示。

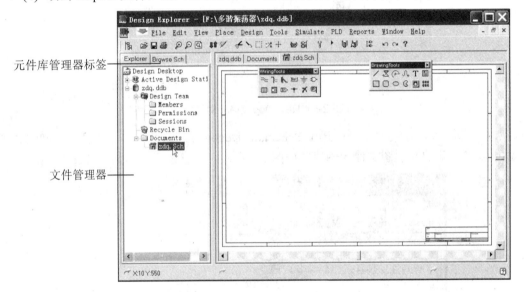

图 2-9　进入 Protel 99 SE 原理图编辑的操作界面

2.3.2　设置原理图选项

在绘制电路图之前首先要做的是设置合适的文档选项。

(1) 一般系统默认图纸的大小为 B 号图纸。当构思好原理图后，最好能先根据构思的整体布局设置好图纸的大小。当然，在画图中或之后也可以再修改图纸幅面。有两种方法可以改变图纸的大小：从菜单栏选择 Design→Options 命令，或在图纸区域内右击，在弹出的快捷菜单中执行 Document Options 命令，将弹出图 2-10 所示的文档设置对话框。

(2) 选择 Standard Style 栏的按钮 ▼，弹出下拉列表，使用滚动栏向上滚动到 A4 样式并单击选择，单击 OK 按钮关闭对话框，将图纸大小更新为 A4。

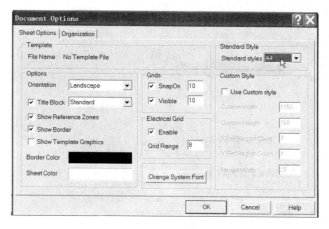

图 2-10　文档设置对话框

2.4　绘制原理图

现在准备开始绘制原理图。在这个教程中，将使用图 2-1 所示的电路，这个电路用了两个 2N3904 三极管来完成自激多谐振荡。

2.4.1　原理图库管理器

首先，打开原理图库管理器，选择设计管理器顶部的 Browse Sch 标签即可打开原理图库管理器，如图 2-11 所示。

在图 2-11 所示的原理图库管理器中，通过 3 个区域可以浏览元件库。

(1) 元件库选择区：显示所有的加载元件库的文件名。

(2) 元件过滤选项区：可以设置元件列表的显示条件，在条件中可以使用通配符 "*" 和 "?"。 "*" 号匹配所在位置的多个字符； "?" 号匹配所在位置的单个字符。

(3) 元件浏览区：显示在元件库选择区所选中的元件库中符合过滤条件的元件列表。

2.4.2　在原理图中放置元件

1. 放置两个三极管 Q1 和 Q2(Q1 和 Q2 是型号为 2N3904 的三极管)

(1) 从菜单选择 View→Fit Document(快捷键 V、D)命令确认设计者的原理图纸显示在整个窗口中。

(2) 使用过滤器快速定位设计者需要的元件。默认通配符 "*" 列出所有库中的元件。在原理图库管理器(图 2-11) 的过滤栏内，输入 "*3904*" 设置过滤器，将会列出名字中间部分包含 "3904" 的所有元件，如图 2-12 所示。

(3) 从图 2-12 看出，在 Miscellaneous Devices.lib 库内，没有型号为 2N3904 的三极管。现在查找 2N3904 在哪个库，方法如下：单击原理图库管理器的 Find 按钮，弹出 Find Schematic Component(查找原理图元件)对话框，如图 2-13 所示。

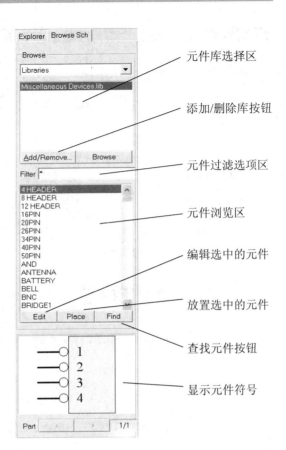

元件库选择区

添加/删除库按钮

元件过滤选项区

元件浏览区

编辑选中的元件

放置选中的元件

查找元件按钮

显示元件符号

图 2-11　原理图库管理器

图 2-12　查找 2N3904 的元件

图 2-13　查找原理图元件对话框

(4) 在 Find Schematic Component(查找原理图元件)对话框的 By Library Reference 栏输入 "*3904*"；在 Path 栏，单击 ⁝ 按钮，指定安装 Protel 99 SE 软件时正确的库文件夹 (D:\Program Files\Design Explorer 99 SE\Library\Sch)，选择 Sub directories、Find All Instances 两个复选框，单击 Find Now 按钮，即开始在指定的库文件夹下查找 3904 的所有元件，查找结果如图 2-14 所示。

(5) 加载 2N3904 元件所在的库文件。在图 2-14 所示的 Found Libraryies 区域，选中 BJT.LIB 库，单击 Add To Library List 按钮，将选中的库加载到了原理图库管理器上，如图 2-15 所示，单击 Close 按钮关闭 Find Schematic Component(查找原理图元件)对话框。

(6) 在原理图库管理器图 2-15 所示的列表中查找 2N3904 元件并选择，然后单击 Place 按钮，光标将变成十字状，并且在光标上悬浮着一个三极管的轮廓。现在设计者处于元件放置状态，如果设计者移动光标，三极管轮廓也会随之移动。按 PageUp 键，放大原理图，直到三极管清晰可见。

(7) 在原理图上放置元件之前，首先要编辑其属性。在三极管悬浮在光标上时，按下 Tab 键将打开 Part 对话框，如图 2-16 所示。

图 2-14 找到 2N3904 元件

(8) 在图 2-16 所示对话框中选择 Attributes 标签，在 Designator 栏中输入 Q1 以将其值作为第一个元件序号，在 Footprint 处输入 TO-92A，单击 OK 按钮，关闭元件属性对话框。

现在准备放置元件，步骤如下。

① 移动光标(附有三极管符号)到图纸中间偏左一点的位置，当设计者对三极管的位置满意后，单击或按 Enter 键将三极管放在原理图上。

② 移动光标，设计者会发现三极管的一个复制品已经放在原理图纸上了，而设计者仍然处于在光标上悬浮着元件轮廓的元件放置状态，Protel 99 SE 的这个功能让设计者可以放置许多相同型号的元件。现在放第二个三极管，这个三极管同前一个相同，因此在放之前没必要再编辑它的属性。在设计者放置一系列元件时，Protel 99 SE 会自动增加一个元件的序号值，在这个例子中，放下的第二个三极管会自动标记为 Q2。

图 2-15　加载库 BJT.LIB 文件

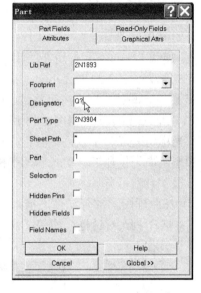

图 2-16　元件属性对话框

③ 如果设计者查阅原理图(图 2-1)，会发现 Q2 与 Q1 是镜像的。要将悬浮在光标上的三极管翻过来，按 X 键，这样可以使元件水平翻转；按 Y 键，可以使元件垂直翻转。

④移动光标到 Q1 右边的位置。要将元件的位置放得更精确些，按 PageUp 键，放大原理图，直到设计者能看见栅格线为止。

⑤当设计者将元件的位置确定后，单击或按 Enter 键放下 Q2。设计者所拖动的三极管的一个复制品再一次放在原理图上后，下一个三极管会悬浮在光标上准备放置，放好的三极管如图 2-17 所示。

⑥ 由于已经放完了所有的三极管，右击或按 Esc 键来退出元件放置状态，光标会恢复到标准箭头。

2. 下面放置 4 个电阻(Resistors)

(1) 在 Browse Sch 中的库选择区域，确认 Miscellaneous Devices.lib 库为当前库。在过滤器栏里输入 "res*" 来设置过滤器。

(2) 在元件列表中单击 RES1 以选择它，然后单击 Place 按钮，现在设计者会有一个悬浮在光标上的电阻符号。

(3) 按 Tab 键，弹出电阻的属性编辑窗口，如图 2-18 所示。

对图 2-18 所示的编辑电阻的属性说明如下。

Lib Ref(元件名称)：元件符号在元件库中的名称。如电阻符号在元件库中的名称是 RES1，在放置元件时必须输入，但不会在原理图中显示出来。

Footprint(元件的封装形式)：在该处输入元件的封装名称。一个元件可以有不同的外形，即可以有多种封装形式。元件的封装形式主要用于印制电路板图。这一属性值在原理图中不显示。

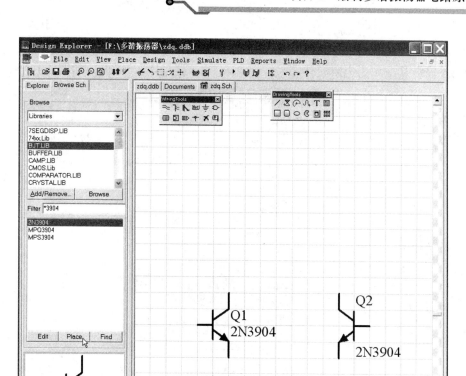

图 2-17　放好三极管 Q1、Q2

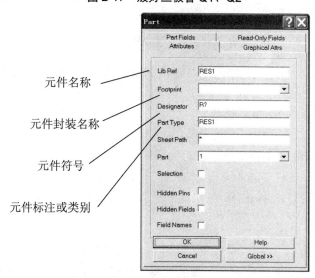

图 2-18　编辑电阻属性

Designator(元件标号)：元件在原理图中的序号，如 R1、C1 等。

Part Type(元件标注或类型)：可以更改，并且会在原理图中显示。对于电阻、电容，常改为值的大小，如 10K、0.1μF 等。

(4) 在对话框的 Attributes 标签中，在 Footprint 栏中输入 AXIAL-0.3；在 Designator 栏中输入 R1 以将其值作为电阻元件序号；在 Part Type 栏中输入 100K，如图 2-19 所示。

图 2-19　输入电阻参数

(5) 在图 2-19 中，设置完电阻参数后，单击 OK 按钮，返回放置模式，光标上悬浮电阻符号，按 Space(空格)键将电阻旋转 90°，将电阻按图 2-1 中的原理图的位置放好后，然后单击或按 Enter 键放下元件。

(6) 接着放 R2、R3 和 R4，放完所有电阻后，右击或按 Esc 键退出元件放置模式。

(7) 将 R3 和 R4 的电阻值改为 1K，方法如下：鼠标双击 R3 和 R4 元件，弹出 2-19 所示的元件属性对话框，在 Part Type 栏输入 1K 即可。

3．现在放置两个电容(Capacitors)

(1) 在 Browse Sch 中的库选择区域，确认 Miscellaneous Devices.lib 库为当前库。在过滤器栏里键入"CAP*"。

(2) 在元件列表中单击 CAP 选择它，然后单击 Place 按钮，现在在设计者的光标上悬浮着一个电容符号。

(3) 按 Tab 键编辑电容的属性。在对话框的 Attributes 标签中，在 Footprint 栏输入 RAD-0.3；在 Designator 栏中输入 C1；在 Part Type 栏输入 20nF。

(4) 检查设置正确后，单击 OK 按钮返回放置模式，放置两个电容 C1、C2，放好后右击或按 Esc 键退出放置模式。

4．最后要放置的元件是连接器(Connector)

(1) 设计者想要的连接器是两个引脚的插座，所以设置过滤器为"H*"。

(2) 在元件列表中选择 HEADER2 并单击 Place 按钮。按 Tab 键编辑其属性并设置 Designator 为 Y1，在 Footprint 栏输入 SIP2，单击 OK 按钮关闭对话框。

(3) 在放置连接器之前，按 X 键作水平翻转，在原理图中放下连接器。右击或按 Esc 键退出放置模式。

(4) 执行菜单 File→Save 命令(快捷键：F，S)保存设计者的原理图。

现在已经放完了所有的元件。元件的摆放如图 2-20 所示，从中可以看出元件之间留有间隔，这样就有大量的空间用来将导线连接到每个元件的引脚上。

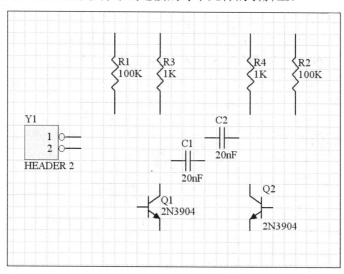

图 2-20　元件摆放完后的电路图

5．元件移动方法

(1) 如果设计者需要移动元件，按住鼠标左键并拖动元件体，拖到需要的位置放开鼠标左键即可。

(2) 执行菜单 Edit→Move→Move Selection 命令，再用鼠标移动。

(3) 用鼠标单击选中再移动。

(4) 用鼠标拖动选择多个元件，再移动。

(5) 用 Edit→Move→Move Selection 命令移动。

6．元件的删除

(1) 可以执行菜单 Edit→Delete 命令当光标变为十字形状后，将光标移到想要删除的元件上单击，即可将该元件从工作平面上删除。

(2) 鼠标选中要删除的元件，按键盘上的 Delete 键。

(3) 选中所有要删除的多个元件，然后执行菜单 Edit→Clear 命令(Clear 命令用于删除选中的元件)。

7．元件方向的调整

Space 键：每按一次，被选中的元件逆时针旋转 90°。

X 键：使元件左右镜像。

Y 键：使元件上下镜像。

2.4.3 连接电路

在电路中连线起着连接各种元器件的作用。要在原理图中连线，参照图 2-1 并完成以下步骤。

(1) 为了使电路图清晰，可以使用 PageUp 键来放大，或 PageDown 键来缩小；如果要查看全部视图，执行菜单 View→Fit All Objects 命令(快捷键：V，F)。

(2) 首先用以下方法将电阻 R1 与三极管 Q1 的基极连接起来。从菜单选择 Place → Wire(快捷键：P，W)命令或从连线工具栏单击 ≈ 按钮进入连线模式，光标将变为十字形状。

(3) 将光标放在 R1 的下端，当设计者放对位置时，一个黑色的连接标记会出现在光标处，这表示光标在元件的一个电气连接点上，如图 2-21 所示。

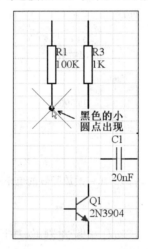

图 2-21　连线时的黑色标记

(4) 单击或按 Enter 键固定第一个导线点，移动光标设计者会看见一根导线从光标处延伸到固定点。

(5) 将光标移到 R1 的下边 Q1 的基极的水平位置上并单击，放置一段导线，再连接到 Q1 的基极，光标处出现一个黑色的小圆点(表示连接到一个电气连接点上)，单击或按 Enter 键，在该点固定导线。在第一个和第二个固定点之间的导线就连好了。

(6) 完成了这根导线的放置，按鼠标右键，注意光标仍然为十字形状，表示设计者准备放置其他导线。要完全退出放置模式恢复箭头光标，设计者应该再一次右击或按 Esc 键。但现在还不能这样做。

(7) 参照图 2-1 连接电路中的剩余部分。

(8) 在完成所有的导线之后，右击或按 Esc 键退出放置模式，光标恢复为箭头形状。

(9) 如果想移动元件，让连接该元件的连线一起移动，当移动元件的时候按下并保持按住 Ctrl 键，或者执行菜单 Edit→Move→Drag 命令。

完成连线的多谐振荡器电路图如图 2-22 所示。

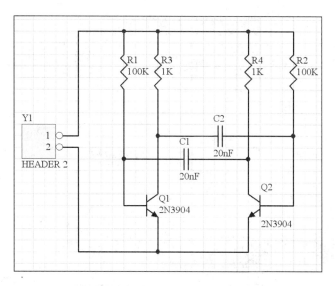

图 2-22　完成连线的多谐振荡器电路图

特别提示

绘制导线时应注意的问题。

(1) 导线的端点要与元件引脚的端点相连，不要重叠。在放置导线状态下，将光标移至元件引脚的端点，则在"十"字光标的中心出现一个大的黑点，如图 2-21 所示。这是由于设置了 Electrical Grid 电气节点这一选项。否则，就不会出现这种情况。

(2) 元件引脚之间不要重叠。从图 2-22 看出，R3 与 Q1 相连，不能将 R3 的引脚与 Q1 的引脚直接相连，元件引脚之间必须通过导线进行连接。

2.4.4　网络与网络标记

彼此连接在一起的一组元件引脚的连线称为网络(Net)。例如，一个网络包括 Q1 的基极、R1 的一个引脚和 C1 的一个引脚。

在设计中识别重要的网络是很容易的，设计者可以添加网络标记(Net Labels)。

在两个电源网络上放置网络标记。

(1) 执行菜单 Place→Net Label 命令或者在工具栏上单击 Netl 按钮，一个带点的 Netlabel1框将悬浮在光标上。

(2) 在放置网络标记之前应先编辑，按 Tab 键显示 Net Label (网络标记)对话框，如图 2-23 所示。

(3) 在 Net 栏输入+12V，然后单击 OK 按钮关闭对话框。

(4) 在电路图上，把网络标记放置在连线的上面，当网络标记跟连线接触时，单击或按 Enter 键即可(注意：网络标记一定要放在连线上)。

(5) 放完第一个网络标记后，设计者仍然处于网络标记放置模式，在放第二个网络标记之前再按 Tab 键进行编辑。

图 2-23　Net Label (网络标记)对话框

(6) 在 Net 栏输入 GND，单击 OK 按钮关闭对话框并放置网络标记，右击或按 Esc 键退出放置网络标记模式。

(7) 执行菜单 File→Save 命令(快捷键：F，S)保存电路。

通过上述操作，即用 Protel 99 SE 完成了第一张原理图绘制，如图 2-1 所示。在将原理图转为电路板之前，需要检查电路绘制是否正确。

2.5　电路的 ERC 检查

1. ERC 电气规则检查

ERC 电气规则检查即 Electronic Rule Checker，是利用软件测试用户电路的方法。能够测试设计者在物理连接上的错误，并提供给设计者一个排除错误的环境。

2. ERC 检查步骤

执行菜单 Tools→ERC 命令，系统弹出 Setup Electrical Rule Check (ERC 设置)对话框，如图 2-24 所示。

在 ERC 设置对话框设置完毕(一般选取默认值)后，单击 OK 按钮，进行 ERC 检查。

3. ERC 检查结果

(1) 可以输出相关的错误报告，即*.ERC 文件，主文件名与原理图相同，扩展名为.ERC。如果设计者的电路绘制正确，报告文件应该是空白的，如图 2-25 所示。

如果报告给出错误，则检查设计者的电路并纠正错误。

(2) 若故意在电路中引入一个错误，将网络标记+12V、GND 拖离导线，并重新进行 ERC 检查，显示报告如图 2-26 所示。

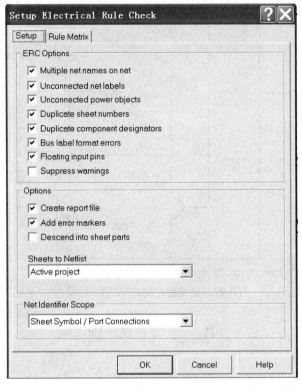

图 2-24　ERC 设置对话框

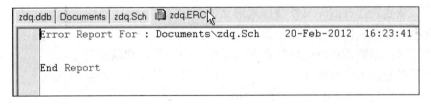

图 2-25　无错误的 ERC 报告文件

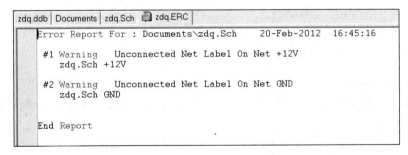

图 2-26　ERC 报告文件报告出错原因

(3) 在电路原理图的相应位置显示错误标记，如图 2-27 所示。

(4) 修改错误，重新进行 ERC 检查，直到没有错误为止。

通过上述操作即可完成了第一张原理图的绘制并且确认原理图中没有错误，下一项目将介绍创建多谐振荡器的 PCB 文件。

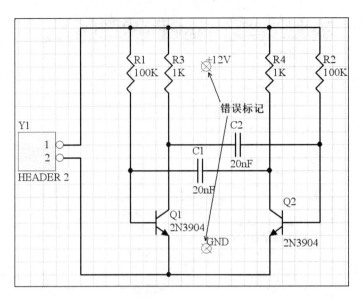

图 2-27 电路图中的 ERC 错误标记

2.6 项 目 实 训

实训目的

(1) 熟练掌握设计数据库文件、原理图文件的建立。

(2) 熟悉原理图编辑器的操作界面。

(3) 熟练掌握怎样在系统提供的原理图库内查找元件，加载库文件。

(4) 熟悉在原理图中放置元件，设置元件的属性的操作。

(5) 了解 Lib Ref、Footprint、Designator、Part Type 的含义。

(6) 熟悉在元件之间连线，设置网络标记等操作。

(7) 了解电路的 ERC 规则检查。

实训任务

(1) 在硬盘上新建一个文件夹(以自己的姓名命名)，新建一个设计数据库，选择 MS Access Database 保存类型，名称为 zdq1.ddb，将新建的设计数据库文件存放在新建的文件夹内。

(2) 在数据库文件内新建原理图文件，文件名称可采用系统默认名，也可自己命名，图纸幅面设为 A4。

(3) 绘制多谐振荡器的原理图，如图 2-1 所示。

(4) 绘制图 2-28 所示的功率推挽电路的原理图，要求用 A4 的图纸。

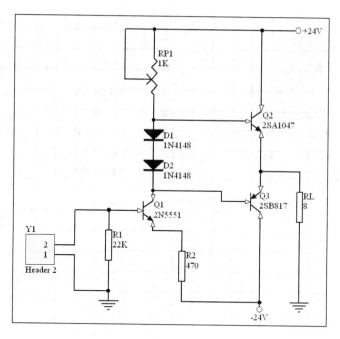

图 2-28　功率推挽电路原理图

项 目 小 结

本项目通过多谐振荡器电路的实例，介绍了设计原理图的一般步骤。Protel 99 SE 是通过设计数据库文件管理设计过程中的全部文件，进行电路原理图设计。首先需要建立一个数据库文件，然后再在数据库文件中建立电路原理图图纸，图纸设置正确后，在原理图中放置元件，通过放置元件操作掌握怎样在系统提供的库中查找元件，怎样加载原理图库文件，在原理图中移动、旋转、沿 X 轴(Y 轴)镜像元件和删除元件等操作；元件位置放置正确后，连接电路；然后放置网络标记(网络标记就是给网络取的名字，一定要放在被取名的导线上)；原理图设计完成后，需要检查原理图是否绘制正确，所以需要对电路图进行 ERC 规则检查，检查无误后，原理图的设计才完成。

学习思考题

1. 在 Protel 99 SE 中电路设计文件分哪几类？

2. 简述电路原理图绘制的一般过程。

3. 打开 4 Port Serial Interface.Prj PCB 项目文件，文件所在目录为设计者安装 Protel 99 SE 软件所在硬盘的\Program Files\Design Explorer 99 SE\Examples 文件夹内。

4. 仔细观察文件管理器的树形目录结构，展开后再收缩导航树内容。

5. 双击文件管理器中的 4 Port UART and Line Drivers.Sch Doc 文档，打开该原理图，双击 ISA Bus and Address Decoding.Sch Doc 文档，打开该原理图，仔细查看这两张原理图，学习原理图的设计技巧。

6. 双击打开文件管理器中更多的文件。了解 PCB 印制板图、库文件等方面的情况。

7. 右击文档栏上的文档标签,选择 Tile All 命令。

8. 按住鼠标左键并拖动任一文档标签,将其拖放到另一文档标签的旁边。

9. 右击多个窗口中的任一标签,并选择 Merge All 命令。

10. 选择菜单 Windows→Tile 命令;Windows→Horizontally 命令;Windows→Vertically 命令;Windows→Arrange all Windows Horizontally 命令;Windows→Arrange all Windows Vertically 命令;Windows→Hide All 命令;Windows→Close Documents 命令;Windows→Close All 命令,观察设计窗口的变化。在原理图与 PCB 印制电路板图中,仔细观察菜单栏、工具栏的变化。

项目3

多谐振荡器 PCB 图的设计

教学目标

(1) 熟悉 PCB 板的基础知识。
(2) 熟悉 PCB 编辑器。
(3) 熟练掌握把原理图的信息导入 PCB。
(4) 熟练掌握 PCB 板的设计。
(5) 熟悉验证设计者的板设计。
(6) 了解在 3D 模式下查看电路板设计。

教学要求

能力目标	相关知识	权重
PCB 板的基础知识	印制电路板的种类 元件封装的分类 铜箔导线、焊盘、过孔 助焊膜和阻焊膜、丝印层	10%
熟悉 PCB 编辑器	启动 PCB 编辑器 PCB 编辑器的界面	10%
原理图的信息导入 PCB 内	在原理图内检查每个元件的封装 Update PCB 命令	20%
印制电路板(PCB)设计	设置新的设计规则 手动布局 修改封装 绘制 PCB 图的边框 手动布线、自动布线	45%
验证设计者的板设计	设计规则检查(DRC)	10%
在 3D 模式下查看电路板设计	View→Board in 3D 命令	5%

任务描述

本项目利用项目 2 所画的多谐振荡器电路原理图，完成多谐振荡器印制电路板(PCB)的设计，如图 3-1 所示，介绍如何把原理图的设计信息更新到 PCB 文件中以及如何在 PCB 中布局、布线，如何设置 PCB 图的设计规则、PCB 图的三维显示等。通过项目 2 和项目 3 的学习，初步了解电路原理图、PCB 图的设计过程。项目 3 将涵盖以下主题。

(1) 建立 PCB 文件。

(2) 将原理图的信息导入 PCB。

(3) 设置新的设计规则。

(4) 手动布局、手动布线、自动布线。

(5) PCB 板的 3D 显示。

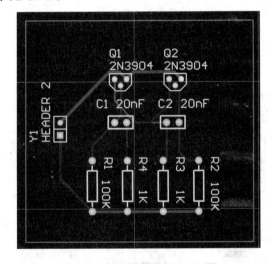

图 3-1　多谐振荡器的 PCB 图

3.1　印制电路板的基础知识

将许多元件按一定规律连接起来组成电子设备，大多数电子设备组成元件较多，如果用大量导线将这些元件连接起来，不但连接麻烦，而且容易出错。使用印制电路板可以有效解决这个问题，印制电路板英文简称为 PCB(Printed Circle Board)如图 3-2 所示。印制电路板的结构原理：在塑料板上印制导电铜箔，用铜箔取代导线，只要将各种元件安装在印制电路板上，铜箔就可以将它们连接起来组成一个电路。

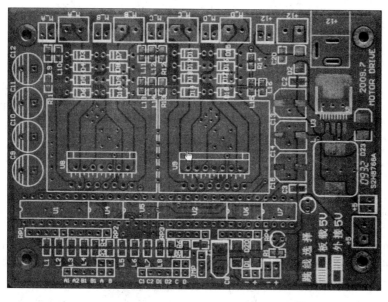

图 3-2　PCB 板

3.1.1　印制电路板的种类

根据层数分类，印制电路板可分为单面板、双面板和多层板。

1. 单面板

单面印制电路板只有一面有导电铜箔，另一面没有。在使用单面板时，通常在没有导电铜箔的一面安装元件，将元件引脚通过插孔穿到有导电铜箔的一面，导电铜箔将元件引脚连接起来就可以构成电路或电子设备。单面板成本低，但因为只有一面有导电铜箔，不适用于复杂的电子设备。

2. 双面板

双面板包括两层：顶层(Top Layer)和底层(Bottom Layer)。与单面板不同，双面板的两层都有导电铜箔，其结构示意图如图 3-3 所示。双面板的每层都可以直接焊接元件，两层之间可以通过穿过的元件引脚连接，也可以通过过孔实现连接。过孔是一种穿透印制电路板并将两层的铜箔连接起来的金属化导电圆孔。

图 3-3　双面板

3. 多层板

多层板是具有多个导电层的电路板。多层板的结构示意图如图 3-4 所示。它除了具有双面板一样的顶层和底层外，在内部还有导电层，内部层一般为电源层或接地层，顶层和底层通过过孔与内部的导电层相连接。多层板一般是将多个双面板采用压合工艺制作而成的，适用于复杂的电路系统。

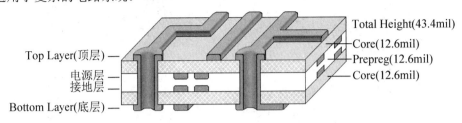

图 3-4   多层板

3.1.2   元件的封装

印制电路板是用来安装元件的，而同类型的元件，如电阻，即使阻值一样，也有大小之分。因而在设计印制电路板时，就要求印制电路板上大体积元件焊接孔的孔径要大、距离要远。为了使印制电路板生产厂家生产出来的印制电路板可以安装大小和形状符合要求的各种元件，要求在设计印制电路板时，用铜箔表示导线，而用与实际元件形状和大小相关的符号表示元件。这里的形状与大小是指实际元件在印制电路板上的投影。这种与实际元件形状和大小相同的投影符号称为元件封装。例如，电解电容的投影是一个圆形，那么其元件封装就是一个圆形符号。

1.   元件封装的分类

按照元件安装方式，元件封装可以分为直插式和表面粘贴式两大类。

典型直插式元件封装外型及其 PCB 焊盘如图 3-5 所示。直插式元件焊接时先要将元件引脚插入焊盘通孔中，然后再焊锡。由于焊点过孔贯穿整个电路板，所以其焊盘中心必须有通孔，焊盘至少占用两层电路板。

图 3-5   典型直插式元件封装外型及其 PCB 焊盘

典型表面粘贴式封装的元件外型及其 PCB 焊盘如图 3-6 所示。此类封装的焊盘只限于表面板层，即顶层或底层，采用这种封装的元件的引脚占用板上的空间小，不影响其他层的布线，一般引脚比较多的元件常采用这种封装形式，但是这种封装的元件手工焊接难度相对较大，多用于大批量机器生产。

图 3-6   典型表面粘贴式封装的元件外型及其 PCB 焊盘

2. 元件封装的编号

常见元件封装的编号原则：元件封装类型+焊盘距离(焊盘数)+元件外型尺寸。可以根据元件的编号来判断元件封装的规格。例如有极性的电解电容，其封装为 RB.2-.4, 其中".2"为焊盘间距，".4"为电容圆筒的外径，"RB7.6-15"表示极性电容类元件封装，引脚间距为 7.6mm，元件直径为 15mm。

3.1.3　铜箔导线

印制电路板以铜箔作为导线将安装在电路板上的元件连接起来，所以铜箔导线简称为导线(Track)。印制电路板的设计主要是布置铜箔导线。

与铜箔导线类似的还有一种线，称为飞线，又称预拉线。飞线主要用于表示各个焊盘的连接关系，指引铜箔导线的布置，它不是实际的导线。

3.1.4　焊盘

焊盘的作用是在焊接元件时放置焊锡，将元件引脚与铜箔导线连接起来。焊盘的形式有圆形、方形和八角形，常见的焊盘如图 3-7 所示。焊盘有针脚式和表面粘贴式两种，表面粘贴式焊盘无须钻孔；而针脚式焊盘要求钻孔，它有过孔直径和焊盘直径两个参数。

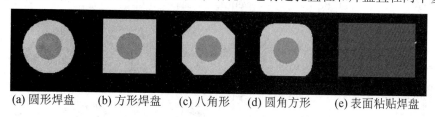

(a) 圆形焊盘　　(b) 方形焊盘　　(c) 八角形　　(d) 圆角方形　　(e) 表面粘贴焊盘

图 3-7　常见焊盘

在设计焊盘时，要考虑到元件形状、引脚大小、安装形式、受力及振动大小等情况。例如，如果某个焊盘通过电流大、受力大并且易发热，可设计成泪滴状(后面章节会介绍)。

3.1.5　助焊膜和阻焊膜

为了使印制电路板的焊盘更容易粘上焊锡，通常在焊盘上涂一层助焊膜。另外，为了防止印制电路板不应粘上焊锡的铜箔不小心粘上焊锡，在这些铜箔上一般要涂一层绝缘层(通常是绿色透明的膜)，这层膜称为阻焊膜。

3.1.6　过孔

双面板和多层板有两个以上的导电层，导电层之间相互绝缘，如果需要将某一层和另一层进行电气连接，可以通过过孔实现。过孔的制作方法：在多层需要连接处钻一个孔，然后在孔的孔壁上沉积导电金属(又称电镀)，这样就可以将不同的导电层连接起来。过孔主要有穿透式和盲过式两种形式，如图 3-8 所示。穿透式过孔从顶层一直通到底层，而盲过孔可以从顶层通到内层，也可以从底层通到内层。

(a) 穿透式过孔　　　　(b) 盲过孔

图 3-8　过孔的两种形式

过孔有内径和外径两个参数，过孔的内径和外径一般要比焊盘的内径和外径小。

3.1.7　丝印层

除了导电层外，印制电路板还有丝印层。丝印层主要采用丝印印刷的方法在印制电路板的顶层和底层印制元件的标号、外形和一些厂家的信息。

3.2　PCB 编辑器

1. 启动 PCB 编辑器

(1) 打开在项目 2 内建立的设计数据库文件 zdq.ddb。

(2) 在数据库文件 zdq.ddb 内打开 Documents 文件，以保证新建的 PCB 文件在该文件夹下。

(3) 执行 File→New 命令，弹出 New Document 对话框，选择 PCB Document 图标，如图 3-9 所示，单击 OK 按钮，即可新建 PCB1.PCB 文件，如图 3-10 所示。

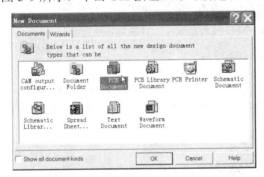

图 3-9　选择 PCB Document 图标

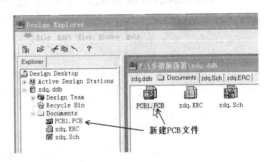

图 3-10　新建 PCB 文件

(4) 将默认的 PCB1.PCB 文件名更改为 zdq.PCB。方法如下：选中 PCB1.PCB 文件并右击，从弹出的快捷菜单中选择 Rename 命令，即可修改文件名。

 特别提示

注意不能修改文件名的后缀 PCB，一定要保证后缀 PCB 不变。

(5) 双击图标，或单击文件管理器中的文件 zdq.PCB，启动 PCB 编辑器，如图 3-11 所示。

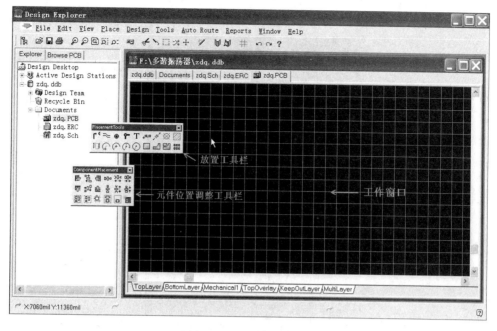

图 3-11　PCB 编辑器界面

2.　退出 PCB 编辑器

在 PCB 编辑器状态下，执行菜单 File→Close 命令，或者在 PCB 编辑器中，用鼠标右击要关闭的 PCB 文件，在弹出的快捷菜单中，选择 Close 命令，都可以关闭 PCB 编辑器。另外，在快捷菜单中，还可以实现 PCB 文件的导出、复制和查看属性的操作。

3.3　导　入　设　计

在将原理图的信息导入 PCB 设计之前，首先要回到原理图编辑器，根据表 3.1 检查每个元件封装是否设计正确，封装正确后，在原理图中进行 ERC 规则检查，无误后，则可以使用 Update PCB 命令，把原理图信息导入到目标 PCB 文件。Update PCB 是一个非常实用的命令，直接将 SCH 信息导入 PCB 文件，而不用生成网络表。

表 3.1　多谐振荡器电路原理图元件属性列表

Lib Ref	Designator	Part Type	Footprint
CAP	C1、C2	20nF	RAD-0.3
RES1	R1、R2	100K	AXIAL-0.3
RES1	R3、R4	1K	AXIAL-0.3
2N1893	Q1、Q2	2N3904	TO-92A
HEADER2	Y1	HEADER2	SIP2

（1）如何快速地将绘制好的 SCH 文件转为 PCB 文件。首先，打开多谐振荡器电路原理图(dzq.Sch)文件，执行菜单 View→Fit All Objects 命令，以查看完整的电路；双击每个元件，弹出 Part 对话框，在封装栏(Footprint)内检查每个元件的封装是否正确，如图 3-12 所示，

检查完后，执行菜单 Tools→ERC 命令，在原理图中进行 ERC 规则检查，直到没有错误。

图 3-12　检查封装

(2) 将原理图信息导入到目标 PCB 文件。执行菜单 Design→Update PCB 命令，如图 3-13 所示，弹出 Update Design 对话框，如图 3-14 所示。

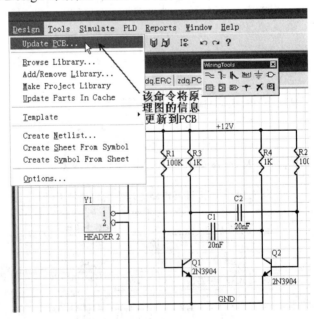

图 3-13　执行 Update PCB 命令

(3) 在 Update Design 对话框中，取消选中 Generate component class for all schmatic sheets in project 复选框，其他选默认值，单击 Execute(执行)按钮，弹出 Confirm 对话框，如图 3-15 所示。

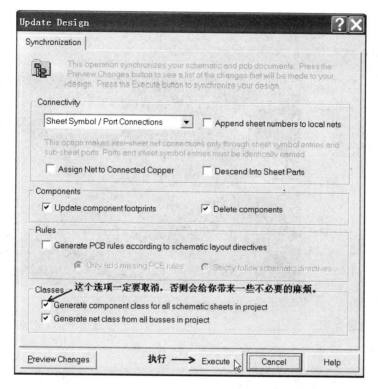

图 3-14　Update Design 对话框

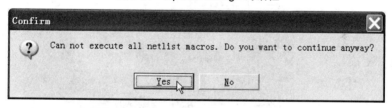

图 3-15　Confirm 对话框

(4) Confirm 对话框提示的含义: 元器件封装库中存在问题, 你要继续吗? 建议单击 Yes 按钮, 待调入后, 在 PCB 中选择 "显示全部元件" 命令, 看看到底丢了那些原理图中的零件。

(5) 进入 PCB 编辑界面, 执行 View→Fit Board 命令(显示全部元件), 弹出如图 3-16 所示界面, 显示导入 PCB 中的所有元件, 从图中看出, 电容 C1、C2 没有导入 PCB 中。

(6) 进入原理图检查 C1、C2 两个元件的封装为 RAD-0.3, 查看附录中 "Protel 99 SE 常用元件符号及封装形式" 表发现, 电容封装应为 RAD0.3, 所以在原理图内修改 C1、C2 两个元件的封装, 改好后, 保存文件, 重新 ERC 进行规则检查, 无错误后, 重新执行 Design →Update PCB 命令。

(7) 进入 PCB 编辑窗口, 如图 3-17 所示, 电容 C1、C2 两个元件导入 PCB。

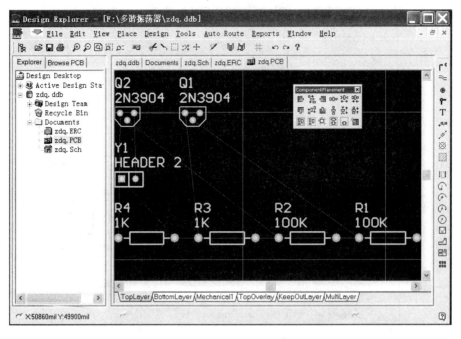

图 3-16　显示导入 PCB 中的所有元件

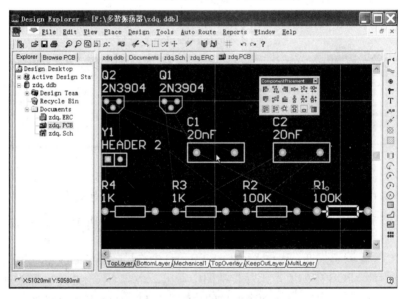

图 3-17　导入 PCB 内的所有元件

3.4　印制电路板(PCB)设计

3.4.1　设置新的设计规则

　　Protel 99 SE 的 PCB 编辑器是一个规则驱动环境。这意味着，在设计者改变设计的过程中，如放置导线、移动元件或者自动布线，Protel 99 SE 都会监测每个动作，并检查设计是否仍然完全符合设计规则。如果不符合，则会立即警告，强调出现错误。在设计之前先设置设计规则让设计者集中精力设计,一旦出现错误,软件就会提示。

设计规则总共有 6 个选项卡,包括布线、制造、高速电路、元件布局、信号完整性等的约束。

现在来设置必要的新的设计规则,指明电源线、地线的宽度(其他规则在项目 9 介绍)。具体步骤如下。

(1) 激活 PCB 文件,从菜单选择 Design→Rules 命令,弹出 Design Rules 对话框,如图 3-18 所示。

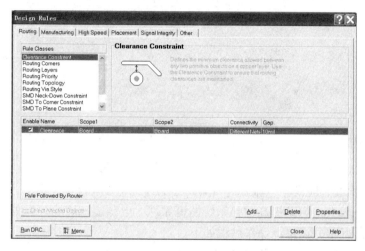

图 3-18 Design Rules 对话框

(2) 在 Design Rules 对话框中,每一类规则都显示在对话框的设计规则面板的左边,如图 3-18 所示。单击"向下"按钮,查找 Width Constraint(导线宽度约束),找到后选择 Width Constraint,如图 3-19 所示。

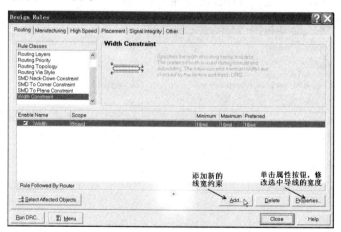

图 3-19 Width Constraint(导线宽度约束)

(3) 在图 3-19 中。

① 设置没有特殊要求的印制导线宽度。

单击 Properties 按钮,弹出 Max-Min Width Rule 对话框,如图 3-20 所示,将最小线宽

(Minimum Width)、最大线宽(Maximum Width)和首选线宽(Preferred Width)均改为 15mil。

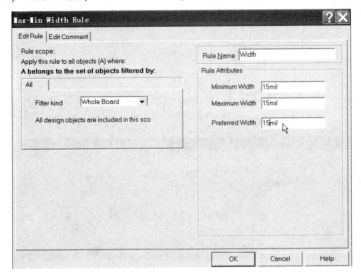

图 3-20　布线宽度设置对话框

② 设置电源线、地线等电流负荷较大网络的导线宽度。在电路板中，电源线、地线等导线流过的电流较大，为了提高电路系统的可靠性，电源线、地线等导线宽度要大一些。自动布线前，最好预先设定，操作过程如下。

单击图 3-19 中的 Add 按钮，弹出 Max-Min Width Rule 对话框，如图 3-20 所示，单击 Filter kind 右侧的下三角按钮，在弹出的下拉列表框内选择 Net(网络)，接着在 Net 栏选择 GND(地线)，在 Rule Name 栏内输入相应的线宽名 GND；将最小线宽(Minimum Width)、最大线宽(Maximum Width)和首选线宽(Preferred Width)均改为 25mil，如图 3-21 所示，设置完成后单击 OK 按钮，即设置了 GND 线宽度。

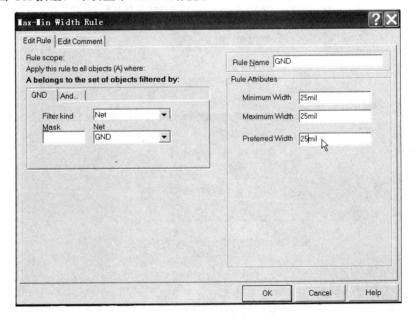

图 3-21　地线宽度设置对话框

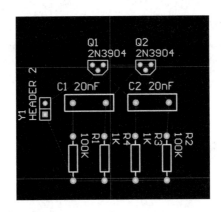

用同样方法，设置+12V 线的宽度，如图 3-22 所示。

图 3-22　+12V 线宽度设置对话框

(4) 设好导线宽度约束的对话框如图 3-23 所示，可发现线宽状态窗口内多了电源线、地线宽度约束信息。

图 3-23　布线宽度状态对话框

3.4.2　手动布局

在刚生成的 PCB 文件图 3-17 中，移动元件，将所有元件按元件之间的“飞线距离最短，交叉线最少”的原则进行合理布局。手动调整元件布局主要是对元件及其标注进行选取、移动、旋转和排列等操作。在 Protel 99 SE 中，如果需要对一个元件进行旋转，可以用鼠标选中元件后，按 Space 键使其旋转 90°，布局好的 PCB 板如图 3-24 所示。

图 3-24　布局好的 PCB 板

元件文字可以用同样的方式来重新定位——按下鼠标左键不放来拖动文字，按 Space 键旋转。

Protel 99 SE 具有强大而灵活的放置工具，让设计者使用这些工具来保证 4 个电阻正确地对齐并保持一定间隔。

(1) 按住 Shift 键，分别单击 4 个电阻进行选择，或者拖拉选择框包围 4 个电阻。

(2) 单击元件位置调整工具栏上的 按钮，那么 4 个电阻就会沿着它们的下边对齐；单击元件位置调整工具栏上的 按钮，那么 4 个电阻就会水平等距离摆放好。

(3) 如果设计者认为这 4 个电阻偏左，也可以整体向右移动。

(4) 撤销元件的选择，执行 Edit→Deselect→All 命令。

3.4.3　修改封装

在 PCB 图中，发现 C1、C2 两个元件的封装大了一点，把它修改成小一点的封装。如果需要修改元件的封装模型，可以双击该元件，将弹出图 3-25 所示的元件信息对话框。

然后在 Footprint 选项里输入理想的封装模型名称：RAD0.1，单击 OK 按钮。例如，图 3-24 中的电容封装修改后，如图 3-26 所示。

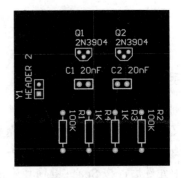

图 3-25　元件信息对话框　　　　　　图 3-26　修改电容封装后的 PCB 图

3.4.4　绘制 PCB 图的边框

绘制 PCB 图的边框，需要在 PCB 的外形层 Keep-Out Layer 中画线，画出的紫色线，则是 PCB 的边框。

(1) 选中 Keep-Out Layer，执行 Place→Line 命令，画出 PCB 板的边框，如图 3-27 所示。

(2) 检查 PCB 文件及连接。将电路图放大，将会看到在各个焊盘上，都有标示出元件的网络结点号，如图 3-28 所示，这使设计者可以知道实际的连接是否正确。

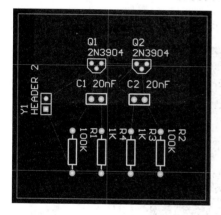

图 3-27　PCB 图的外形

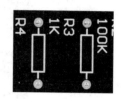

图 3-28　元件网络结点号

3.4.5　手动布线

布线是在板上通过走线和过孔以连接元件的过程。自动布线器提供了一种简单而有效的布线方式。但有的情况下，设计者将需要精确地控制排布的线。在这些情况下可以手动为部分或整块板布线。在本小节的例子中，将手动对单面板进行布线，将所有线都放在板的底部。

在 PCB 上的线是由一系列的直线段组成的。每一次改变方向即是一条新线段的开始。此外，默认情况下，Protel 99 SE 会限制走线为纵向、横向或 45°角的方向，让设计者的设计更专业。这种限制可以进行设定(将在项目 10 介绍)，以满足设计者的需要，但对于本例，将使用默认值。

(1) 在设计窗口的底部选择 Bottom Layer 标签，使 PCB 板的底部处于激活状态。

(2) 在菜单中选择 Place→Interactive Routing(快捷键：P，T)命令或者单击放置工具栏的 按钮，光标变成十字形状，表示设计者处于导线放置模式。

(3) 检查文档工作区底部的层标签。如果 Top Layer 标签是激活的，按数字键盘上的"*"键，在不退出走线模式的情况下切换到底层。"*"键可用在信号层之间切换。

(4) 将光标定位在排针 Y1 较低的焊盘(选中焊盘后，焊盘周围有一个小框围住)。单击或按 Enter 键，以确定线的起点。

(5) 将光标移向电阻 R1 底下的焊盘，定位好后单击或按 Enter 键，以确定线段的一个点(注意：线段是如何跟随光标路径在检查模式中显示的)。状态栏显示的检查模式表明它们还没被放置。如果设计者沿光标路径拉回，未连接线路也会随之缩回。

(6) 在板上的其他元件之间布线。在布线过程中按 Space 键将线段起点模式切换到水平/45°/垂直方向。

(7) 在任何时候按 PageUp 键或 PageDown 键，以光标位置为核心来缩放视图。在任何时间按 End 键来刷新屏幕。

(8) 如果认为某条导线连接得不合理，可以删除这条线：选中该条线，按 Delete 键来清除所选的线段，该线变成飞线，然后重新布这条线。

(9) 重布线是非常简便的，当设计者布置完一条线并右击完成时，冗余的线段会被自动清除。

(10) 完成 PCB 板上的所有连线后，如图 3-29 所示，右击或者按 Esc 键以退出放置模式。

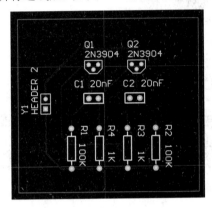

图 3-29　手动布线完成后的 PCB 板

3.4.6　自动布线

为了熟悉 Protel 99 SE 的自动布线功能，把刚完成的手动布线撤销。方法如下：执行 Tools→Un-Route→All 命令，就把所有的连线变成飞线。

(1) 在 Protel 99 SE 当中，执行菜单 Auto Route→All 命令，如图 3-30 所示，将会进入自动布线工作界面，如图 3-31 所示。

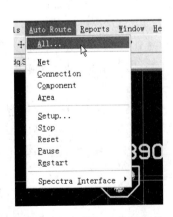

图 3-30　Auto Route 选项菜单

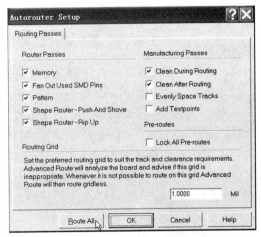

图 3-31　自动布线工作界面

(2) 在图 3-31 所示的是自动布线器设置对话框中，一般选择默认值，单击 Route All 按钮对整个电路板进行自动布线，弹出图 3-32 所示对话框，单击"是"按钮，弹出图 3-33 所示设计完成信息对话框。

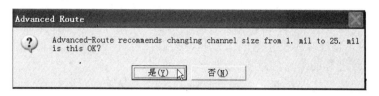

图 3-32　Advanced Router 对话框

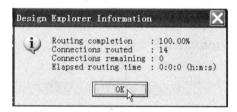

图 3-33　自动布线完成对话框

(3) 在图 3-33 所示对话框中，提示的信息如下：①布通率 100.00%；②生成电气结点之间的连线：共 14 条；③没有布通的线段：0 条，④所用时间：0:0:0。

如果自动布线后没有产生图 3-33 所示提示框或者没有达到 100.00%，就说明布线没有成功，检查错误，重新布线。

(4) 执行 File→Save(快捷键：F，S)命令来储存设计者设计的板。

 **特别提示**

线的放置由 Auto Router 通过两种颜色来呈现。红色表明该线在顶端的信号层；蓝色表明该线在底部的信号层。设计者也会注意到连接到连接器的两条电源网络导线要粗一些，这是由设计者所设置的两条新的 Width 设计规则所指明的。

如果自动布线的结果与图 3-29 不完全一样，也是正确的，因为手动布线时的 PCB 板是单面板，而自动布线时的 PCB 板是双面板，布线自然不完全相同。图 3-34 所示为自动布线完成后的结果。

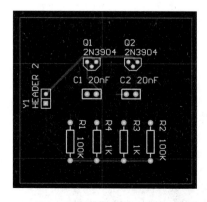

图 3-34　自动布线完成后 PCB 板

3.5　验证设计者的板设计

Protel 99 SE 提供一个规则驱动环境来设计 PCB，并允许设计者定义各种设计规则来保证 PCB 板设计的完整性。比较典型的做法是，在设计过程开始时，设计者就应设置好设计规则，然后在设计进程的最后用这些规则来验证设计。

为了验证所布线的电路板是符合设计规则的，现在设计者要运行设计规则检查 Design Rule Check(DRC)。

执行 Design→Options 命令，确认 System 单元的 DRC Errors 选项旁的 Show 复选框被勾选，这样 DRC 错误标记(DRC error markers)才会显示出来。

(1) 执行 Tools→Design Rule Check(快捷键：T，D)命令，弹出 Design Rule Checker 对话框如图 3-35 所示，保证 Design Rule Checker 对话框的实时和批处理设计规则检查都已被配置好。

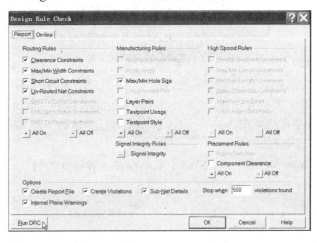

图 3-35　设计规则检查对话框

(2) 保留所有选项为默认值，单击 Run DRC 按钮。DRC 就开始运行，Design Rule Check 报告将自动显示，如图 3-36 所示。

图 3-36　设计规则检查报告

从设计规则检查报告看出，该 PCB 板设计正确。

3.6　在 3D 模式下查看电路板设计

如果设计者能够在设计过程中使用设计工具直观地看到自己设计 PCB 板的实际情况，将能够有效地帮助设计者的工作。Protel 99 SE 软件提供了这方面的功能，下面介绍一下它的 3D 模式。在 3D 模式下可以让设计者从任何角度观察自己设计的板。

执行 View→Board in 3D 命令，弹出 Design Explorer Information 对话框，如图 3-37 所示，单击 OK 按钮，出现 PCB 板的 3D 显示窗口，如图 3-38 所示。用鼠标左键在 Browse PCB 3D 设计管理器下面的黑框内拖动，可任意角度查看 3D 的 PCB 板。

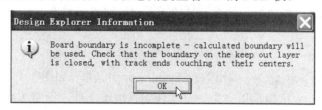

图 3-37　设计信息提示框

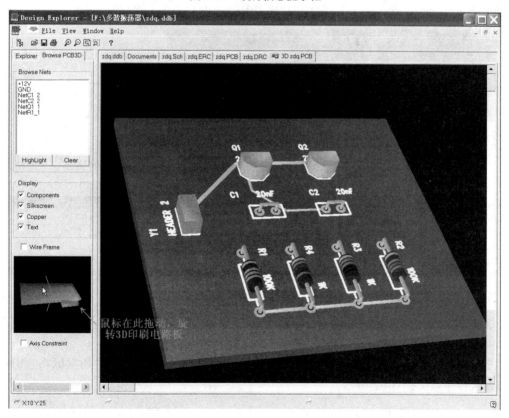

图 3-38　PCB 板的 3D 显示

设计者已经完成了第一个 PCB 板设计。到此，设计者就完成了从原理图到 PCB 的整个设计过程，了解了 Protel 99 SE 软件的基本功能。虽然这个电路很简单，但这是一个伟大的开始，既然设计者可以做到这种简单的转变，那么就可以做更复杂的转变，实际只是 10 步和 100 步的区别罢了！通过后续项目的学习，熟悉 Protel 99 SE 软件的更多功能，再复杂的 PCB 板的设计都可以做。

3.7 产生库文件(选修)

为了方便以后修改多谐振荡器的原理图及 PCB 图，可以为这个多谐振荡器电路产生原理图及 PCB 板库文件，如要修改元件符号或元件封装可以直接在产生的库文件中修改即可。方法如下。

(1) 打开 zdq.ddb 文件。

(2) 执行 File→New 命令，弹出 New Document 对话框，如图 3-9 所示，选择 Document Folder 图标，单击 OK 按钮，以产生一个文件夹存放库文件，如图 3-39 所示。

(3) 可以将 Folder1 的文件夹更名为 lib。右击 Folder1 图标，弹出下拉菜单，选择 Rename 命令，如图 3-40 所示，图标下的文本框处于编辑状态，输入 lib 即可。

图 3-39 产生 Folder1 文件夹   图 3-40 更名下拉菜单

(4) 打开 zdq.Sch 原理图文件，执行 Design→Make Project Library 命令，产生 zdq.lib 文件；打开 zdq.PCB 文件，执行 Design→Make Library 命令，产生 zdq1.lib 文件，如图 3-41 所示。

(5) 关闭 zdq.lib、zdq1.lib 产生的原理图、PCB 库文件。选中它们并用鼠标将它们移动到 lib 文件夹，如图 3-42 所示。

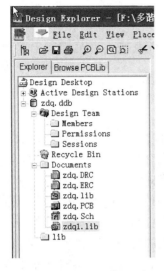

图 3-41　新建的原理图、PCB 库文件

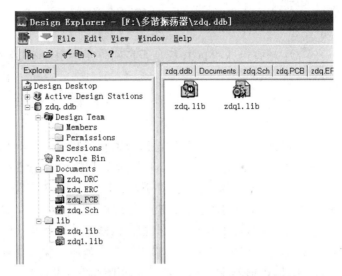

图 3-42　将库文件(zdq.lib、zdq1.lib)移动到 lib 文件夹下　　　(zdq.lib、zdq1.lib)

3.8　项 目 实 训

实训目的

(1) 熟练掌握在设计数据库文件下 PCB 文件的建立。

(2) 熟悉 PCB 编辑器的操作界面。

(3) 熟练掌握怎样将原理图的信息导入到 PCB 文件中。

(4) 了解 PCB 板的设计规则，会设置电源线、地线的宽度。

(5) 熟悉在 PCB 板内放置元件的操作，会合理布局 PCB 板。

(6) 熟悉手动布线、自动布线的操作。

(7) 会检查设计的 PCB 板是否正确。

(8) 会在 3D 模式下查看 PCB 板。

实训任务

(1) 打开在项目 2 下建立的数据库文件，名称为 zdq1.ddb。在数据库文件内打开 Documents 文件，新建 PCB 文件，并把新建的 PCB1.PCB 文件更名为 zdq1.PCB。

(2) 在多谐振荡器原理图内检查每个元件封装和原理图的正确性，原理图正确无误后，把原理图的信息导入 PCB 板内。

(3) 在 PCB 内把元件的位置调整好，所有元件按元件之间的"飞线距离最短，交叉线最少"的原则进行合理布局，布局完后，绘制 PCB 板的边框。

(4) 设置+12V 电源线的宽度为 20mil，地线的宽度为 25mil，其他线的宽度为 15mil。

(5) 在多谐振荡器 PCB 板的底层，手动布线，完成单面板的设计。

(6) 在上一题的基础上，把所有的连线撤销，全部变成飞线，用自动布线方法为 PCB 板布线。

(7) 检查设计的 PCB 板是否正确，并在 3D 模式下查看 PCB 板。

项 目 小 结

本项目首先介绍了印制电路板的基础知识，在熟悉了导线、封装、焊盘、过孔、顶层(Top Layer)、底层(Bottom Layer)、边框层(Keep-Out Layer)的含义后，在上一项目建立的多谐振荡器(zdq.ddb)数据库文件下，新建一个 PCB 文件。在保证多谐振荡器原理图正确的情况下，将原理图的信息通过执行 Update PCB 命令导入到 PCB 内，在 PCB 内检查元件的封装是否与实际元件相吻合，不吻合就修改元件封装，保证所有元件的封装都正确，然后在 PCB 内把元件按元件之间的"飞线距离最短，交叉线最少"的原则进行合理布局，布局完后，绘制 PCB 板的边框，设置导线的宽度，通过手动布线、自动布线完成 PCB 板的设计，通过设计规则检查设计的 PCB 板是否正确，正确后，完成 PCB 板的 3D 显示。

学习思考题

1. 简述 PCB 的设计流程。

2. 设计一个双层板时，一般的设计层面有哪些？Keep-Out Layer 层的作用是什么？

3. 原理图中的连线(Wire)与 PCB 板中导线(Routing)有什么关系？在 PCB 中 Line 与 Routing 的区别是什么？

4. 执行 Design→Update PCB Document 命令的功能是什么？

5. 在设计 PCB 板的时候，"*"键的作用是什么？

6. 完成功率推挽电路(图 2-28)的 PCB 设计任务，PCB 板的大小由自己定义，元件的封装根据实际使用的情况决定。要求先用手动布线设计单面印制电路板，然后用自动布线设计双面印制电路板，并注意比较两者的异同。

项目 4

创建原理图元器件库

教学目标

(1) 了解原理图库、封装库的定义。
(2) 熟悉原理图元件库编辑器。
(3) 熟练掌握创建新的原理图元件。
(4) 熟练掌握从其他库复制元件。
(5) 熟练掌握创建多部件原理图元件。
(6) 熟悉检查元件并生成报表的方法。

教学要求

能力目标	相关知识	权重
原理图库、封装库的定义	原理图库的定义 封装库的定义	5%
原理图元件库编辑器	Components 区域 Group 区域 Pins 信息框 Mode 区域	10%
创建新的原理图元件	捕获栅格(Snap) 可视栅格(Visible) Place→Rectangle 命令 Place→Pin 命令 Pin Properties(引脚属性)	30%
从其他库复制元件	在原理图中查找元件 从其他库复制元件 修改元件	25%
创建多部件原理图元件	多部件原理图元件的定义 建立第一个部件 建立其余部件	25%
检查元件并生成报表的方法	元件规则检查器 元件报表 库报表	5%

↘ **任务描述**

尽管 Protel 99 SE 内置的元器件库已经相当丰富，但有时还是无法从这些元器件库中找到自己想要的元件，比如某些很特殊的元件或新开发出来的元件。如要设计项目 7 的数码管显示电路原理图，原理图内的元件单片机 AT89C2051 在系统提供的库内找不到，元件数码管在系统提供的库内能找到，但提供的图形符号又不能满足用户的需求，这就迫使用户创建元件及原理图图像符号库。Protel 99 SE 提供了一个功能强大而完整的建立元器件库的工具程序，即元件库编辑程序 (Library Editor)。

本项目首先介绍原理图库、封装库的概念，然后介绍原理图库的创建方法。在原理图库内创建 3 个元件：第一个创建 AT89C2051 单片机；第二个从已有的库文件复制一个元件，然后修改该元件以满足设计者的需要；最后介绍多部件元件的创建。通过 3 个实例的学习掌握原理图库及其元器件的创建方法，为后面更深入的学习打下良好的基础。本项目包含以下主题。

(1) 原理图库、封装库的概念。

(2) 创建原理图库。

(3) 创建原理图元件。

(4) 为原理图元件添加封装。

(5) 从其他库复制元件。

(6) 创建多部件原理图元件。

4.1　原理图库、封装库

设计绘制电路原理图时，在放置元件之前，常常需要添加元件所在的库，因为元件一般保存在一些元器件库中，这样很方便用户设计使用。之后原理图库中的元件会分别使用封装库中的封装。如在图 4-1 所示的图中，这些看似名称、形状都不一样的元件，在 Protel 工程本身看来，它们都可以是一样的，因为它们都有着相同的引脚数量和对应的封装形式。这些元件可以选择同一个两个脚的封装；也可以选择两个脚，两脚之间距离不同，焊盘大小不同的封装(这要由具体的元件决定)；同一个原理图元件，也可以选择多个封装(两脚之间距离不同，焊盘大小不同的封装)。

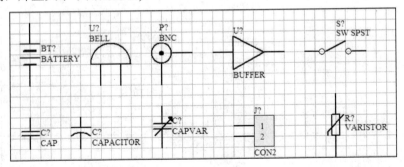

图 4-1　有着相同的引脚数量和对应封装的形式

本质上而言，PCB 设计关心的只是哪些焊盘需要用导线连在一起；至于哪根导线连接的是哪些焊盘，则是 SCH 图中的网络决定的；而焊盘所在的位置，是由元器件本身和用户排列所决定的；最后元器件库的出现，以其引脚与焊盘一一对应的关系，将整个系统严密地联系在一起。

整个 Protel 的设计构造可以用图 4-2 来表示。

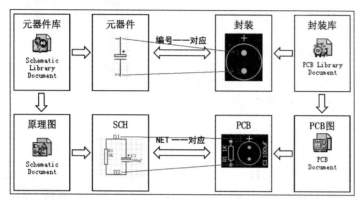

图 4-2　整个 Protel 的设计构造

Protel 99 SE 的库文件位于软件安装路径下的 Library 文件夹中(D:\Program Files\Design Explorer 99 SE\Library)，它提供了大量的元器件模型。设计者可以复制一个库文件到自己定义的文件夹内，在库文件中可以查看有哪些元器件。

在 Protel 99 SE 中，原理图元器件符号是在原理图库编辑环境中创建的，制作元件和建立元件库是使用 Protel 99 SE 的元件库编辑器来进行的，在进行元件制作讲解前，应先熟悉元件库编辑器。

4.2　元件库编辑器概述

设计者可使用原理图库编辑器创建和修改原理图元器件、管理元器件库。该编辑器的功能与原理图编辑器相似，共用相同的图形化设计对象，唯一不同的是增加了引脚编辑工具。在原理图库编辑器里元件由图形化设计对象构成。设计者可以将元件从一个原理图库复制，粘贴到另外一个原理图库，或者从原理图编辑器复制，粘贴到原理图库编辑器。

4.2.1　启动原理图元件库编辑器

(1) 在 Protel 99 SE 的主窗口内，选择主菜单上的 File→New 命令，显示图 4-3 所示的 New Design Database 对话框，在对话框内将数据库文件名 Mydesign.ddb 改为"SCHLIB.ddb"，单击 Browse 按钮，把存放库文件的文件夹设置正确(按自己的需要设置，这里设成：G：\Protel 99SE 教材\原理图库)，如图 4-3 所示，单击 OK 按钮，进入设计数据库界面。

图 4-3　创建原理图数据库文件

(2) 选择主菜单上的 File→New 命令，显示图 4-4 所示的 New Document 对话框，选 Schematic Library Document 图标，单击 OK 按钮，进入原理图库编辑界面，如图 4-5 所示。由图 4-5 可见，在"SCHLIB.ddb"数据库文件的 Documents 文件夹中建立了一个文件名为 "Schlib1.Lib"的库文件，可以根据用户需要更改该名字，同时启动了元件库编辑器。

图 4-4　选择 Schematic Library Document 图标

元件库管理器

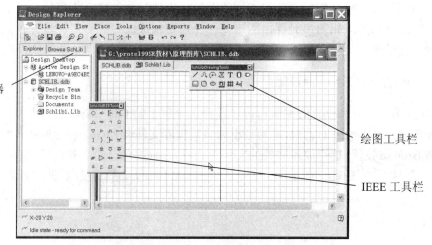

绘图工具栏

IEEE 工具栏

图 4-5　原理图库新元件的编辑界面

选择元件库管理器(鼠标选择 Browse SchLib 标签)，显示如图 4-6 所示的面板，元件库管理器的 Components 区域，自动产生一新元件，文件名为：Component_1。如果要改文件名，执行菜单 Tools→Rename Component 命令即可。

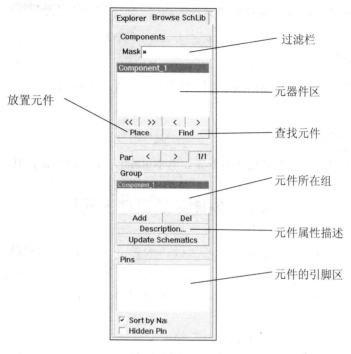

图 4-6　元件库管理器

4.2.2　元件库管理器介绍

1. Components 区域

Components 区域用于对当前元器件库中的元件进行管理，可以在 Components 区域对元件进行放置、添加、删除和编辑等工作。元件(Components)的 Mask(过滤)栏，过滤元器件库中的元件，如为*号，则显示库内所有的元件；如为 A*，则显示库内以 A 开头的所有元器件。Components 区域显示库内满足过滤条件的所有元件。在图 4-6 中，由于是新建的一个原理图元件库，其中只包含一个新的名称为 Component_1 的元件。

单击 ﹥按钮显示下一个元件，单击 ﹤ 按钮显示前一个元件，单击 ﹥﹥ 按钮显示最末一个元件，单击 ﹤﹤ 按钮显示第一个元件。

单击 Place 按钮，将 Componens 区域中所选择的元器件放置到一个处于激活状态的原理图中。如果当前工作区没有任何原理图打开，则建立一个新的原理图文件，然后将选择的元器件放置到这个新的原理图文件中。

单击 Find 按钮，在元器件库内查找元件。

2. Group 区域

Group 区域的主要功能是查找、显示、选择和放置元件集。元件集是指共用元件符号的元件，例如 74×× 的元件集有 74LS××、74F×× 等，它们都是非门，引脚名称与编号都相同，可以共用元件符号。

单击 **Add** 按钮，可以为 Group 区域添加元件，单击 **Del** 按钮，可以删除在 Group 区域中所选择的元件。

单击 **Description...** 按钮，设置新建元件的属性。单击 **Update Schematics** 按钮将新元件更新到原理图中去。

3. Pins 信息框

Pins 信息框显示在 Components 区域中所选择元件的引脚信息，包括引脚的名称和引脚序号等相关信息。

4. Mode 区域

Mode 区域的功能是指定元件的模式，有 Normal、De-Morgan 和 IEEE 这 3 种模式。

4.3 创建新的原理图元件

设计者可在一个已打开的库中执行 Tools→New Component 命令新建一个原理图元件。由于新建的库文件中通常已包含一个空的元件，因此一般只需要将 Component_1 重命名就可开始对第一个元件进行设计，这里以 AT89C2051 单片机(图 4-12) 为例介绍新元件的创建步骤。

在原理图新元件的编辑界面内进行操作。

(1) 在元件库管理器上的 Components 列表中选中 Component_1 选项，执行菜单 Tools→Rename Component 命令，弹出重命名元件(New Component Name)对话框，如图 4-7 所示，输入一个新的、可唯一标识该元件的名称，如 AT89C2051，并单击 OK 按钮，同时显示一张中心位置有一个巨大十字准线的空元件图纸以供编辑。

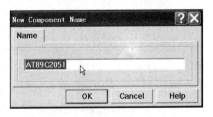

图 4-7　New Component Name 对话框

(2) 如有必要，执行 Edit→Jump→Origin 命令(快捷键：J，O)，将设计图纸的原点定位到设计窗口的中心位置。检查窗口左下角的状态栏，确认光标已移动到原点位置。新的元件将在原点周围生成，此时可看到图纸中心有一个十字准线。设计者应该在原点附近创建新的元件，因为在以后放置该元件时，系统会根据原点附近的电气热点定位该元件。

(3) 可在 Library Editor Workspace 对话框设置单位、捕获网格(Snap)和可视网格(Visible)等参数，执行 Options→Document Options(快捷键：O，D)命令，弹出 Library Editor Workspace 对话框，如图 4-8 所示，在对话框中可以设置工作区的样式、方向和颜色等内容，通常保持默认值，单击 OK 按钮关闭对话框。如果关闭对话框后看不到原理图库编辑器的网格，可按 Page UP 键进行放大，直到栅格可见。注意：缩小和放大均围绕光标所在位置进行，所以在缩放时需保持光标在原点位置。

(4) 为了创建 AT89C2051 单片机，首先需定义元件主体。在第 4 象限画矩形框：100 ×140；执行 Place→Rectangle 命令或单击回按钮(该按钮在绘图工具栏图 4-9 中可以找到)，此时鼠标箭头变为十字光标，并带有一个矩形的形状。在图纸中移动十字光标到坐标原点 (0，0)，单击确定矩形的一个顶点，然后继续移动十字光标到另一位置(100，-140)，单击确定矩形的另一个顶点，这时矩形放置完毕。十字光标仍然带有矩形的形状，可以继续绘制其他矩形。

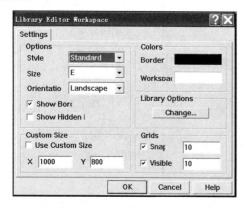

图 4-8　在对话框设置单位和其他图纸属性

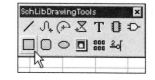

图 4-9　画矩形框、放引脚等的工具栏

右击退出绘制矩形的工作状态。在图纸中双击矩形，弹出图 4-10 所示的对话框，供设计者设置矩形的属性，设置完成矩形的属性之后，单击 OK 按钮，返回工作窗口。

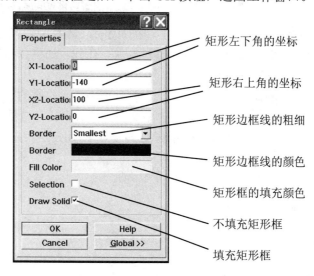

图 4-10　设置矩形属性对话框

在图纸中单击矩形，即可在矩形周围显示出它的节点。拖动这些节点，即可调整矩形的高度、宽度，或者同时调整高度和宽度。

(5) 元件引脚代表了元件的电气属性，为元件添加引脚的步骤如下。

① 执行 Place→Pin 命令(快捷键：P，P)或单击工具栏中的按钮，光标处浮现引脚，带电气属性。

② 放置之前，按 Tab 键打开 Pin Properties 对话框，如图 4-11 所示。如果设计者在放置引脚之前先设置好各项参数，则放置引脚时，这些参数成为默认参数，连续放置引脚时，引脚的编号和引脚名称中的数字会自动增加。

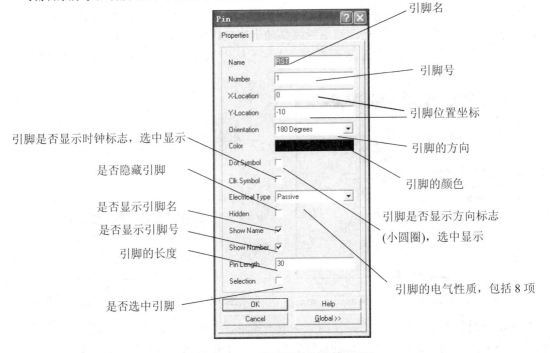

图 4-11 放置引脚前设置其属性

③ 在 Pin Properties 对话框中，在 Name 文本框中输入引脚的名字：RST，在 Number 文本框中输入唯一(不重复)的引脚编号：1。此外，如果设计者想在放置元件时，引脚名和标识符可见，则需选中两个 Show 复选框。

④ 在 Electrical Type 栏中，从下拉列表中设置引脚的电气性质。该参数可用于在原理图设计图纸中编译项目或分析原理图文档时检查电气连接是否错误。在本例 AT89C2051 单片机中，大部分引脚的 Electrical Type 设置成 Passive，如果是 VCC 或 GND 引脚，Electrical Type 设置成 Power。

 特别提示

Electrical Type——设置引脚的电气性质，包括8项。

① Input 输入引脚;

② I/O 双向引脚;

③ Output 输出引脚;

④ Open Collector 集电极开路引脚;

⑤ Passive 无源引脚(如电阻、电容引脚);

⑥ HiZ 高阻引脚;

⑦ Emitter 射击输出;

⑧ Power 电源(VCC 或 GND)。

⑤ Graphical ——引脚图形(形状)设置。

X Location	引脚位置坐标 X;
Y Location	引脚位置坐标 Y;
Pin	引脚长度;
Orientation	引脚的方向;
Color	引脚的颜色。

⑥ 本例设置引脚长度(所有引脚长度设置为 30),设置完成后单击 OK 按钮。

⑦ 当引脚悬浮在光标上时,设计者可按 Space 键以 90°间隔逐级增加来旋转引脚。记住,引脚只有其末端具有电气属性也称热点(Hot End),其符号为 ●,也就是在绘制原理图时,只有通过热点才能与其他元件的引脚连接。不具有电气属性的另一末端毗邻该引脚的名字字符。

在图纸中移动十字光标,在适当的位置单击,就可放置元器件的第一个引脚。此时鼠标箭头仍保持为十字光标,可以在适当位置继续放置元件引脚。

⑧ 继续添加元件剩余引脚,确保引脚名、编号、符号和电气属性是正确的。注意:引脚 6(P3.2)、引脚 7(P3.3)的应选择"Dot"。放置了所有需要的引脚之后右击退出放置引脚的工作状态。放置完所有引脚的元件如图 4-12 所示。

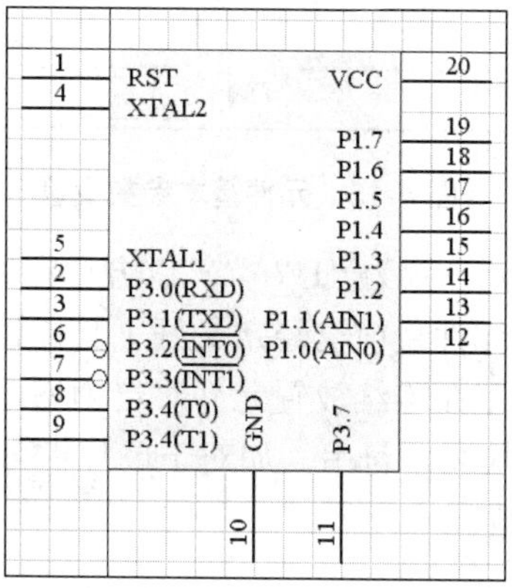

图 4-12   新建元件 AT89C2051

⑨ 完成绘制后,执行 File→Save 命令保存建好的元件。

添加引脚注意事项如下所示。

(1) 放置元件引脚后,若想改变或设置其属性,可双击该引脚或在元件库管理器 Pins 列表中双击引脚,打开 Pin Properties 对话框。

(2) 在字母后使用\(反斜线符号)表示引脚名中该字母带有上划线,如 I\N\T\0\将显示为 $\overline{INT0}$。

(3) 若希望隐藏电源和接地引脚,可选中 Hidden 复选框。当这些引脚被隐藏时,系统将按 Connect To 区的设置将它们连接到电源和接地网络,比如 VCC 引脚被放置时将连接到 VCC 网络。

(4) 选择 View→Show Hidden Pins 命令,可查看隐藏引脚;不选择该命令,隐藏引脚的名称和编号。

4.4　设置原理图元件属性

每个元件的参数都跟默认的标识符、PCB 封装、模型以及其他所定义的元件参数相关联。

设置元件参数步骤如下所示。

(1) 在元件库管理器(图 4-6)中，单击 Description 按钮或执行菜单 Tools→Description 命令，打开 Component Text Fields 对话框，如图 4-13 所示。

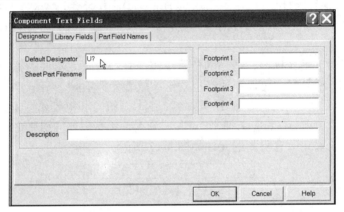

图 4-13　元件基本参数设置

(2) 在 Default Designator 处设置为"U？"。以方便在原理图设计中放置元件时，自动放置元件的标识符。如果放置元件之前已经定义好了其标识符(按 Tab 键进行编辑)，则标识符中的"？"将使标识符数字在连续放置元件时自动递增，如 U1，U2，…。

(3) 在 Description 区输入描述字符串。如对于单片机可输入"单片机 AT89C2051"。

(4) 根据需要设置其他参数。

4.5　为原理图元件添加封装

可以为一个原理图元件添加任意数目的 PCB 封装模型。如果一个元件包含多个模型，如多个 PCB 封装，设计者可在放置元件到原理图时通过元件属性对话框选择合适的封装。

封装的来源可以是设计者自己建立的封装，也可以是使用 Protel 99 SE 库中现有的封装，或从芯片提供商网站下载相应的封装库文件。

Protel 99 SE 所提供的 PCB 封装库文件包含在安装盘符 D:\Program Files\Design Explorer 99 SE\Library\Pcb\目录下的各类 PCB 库中(.ddb 文件)。一个 PCB 库可以包括任意数目的 PCB 封装。

设计者可以在图 4-13 元件基本参数设置对话框的 Footprint1 处为单片机 AT89C2051 设置 DIP20 的封装，如图 4-14 所示，可以在 Footprint2 处为单片机 AT89C2051 设置另一个封装 DIP-20(该封装在项目 5 中自己创建)。

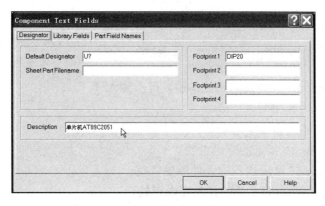

图 4-14 为元件添加封装模型

4.6 从其他库复制元件

有时设计者需要的元件在 Protel 99 SE 提供的库文件中可以找到，但其提供的元件图形不能满足设计者的需要，这时可以把该元件复制到自己建的库里面，然后对该元件进行修改，以满足需要。修改已有元件，使其成为新元件，这样做有时可以大大提高制作新元件的效率。这种方法的思路是将一个已有元件库中的某元件复制到新建的元件库中，再进行修改使其成为新元件。本节介绍该方法，并为后面项目 7 的设计数码管显示电路原理图准备数码管元件 DPY_7-SEG_DP。

4.6.1 在原理图中查找元件

首先在原理图中查找数码管 DPY_7-SEG_DP，在元件库管理器中，单击 Find 按钮，弹出 Find Schematic Component 对话框，如图 4-15 所示。

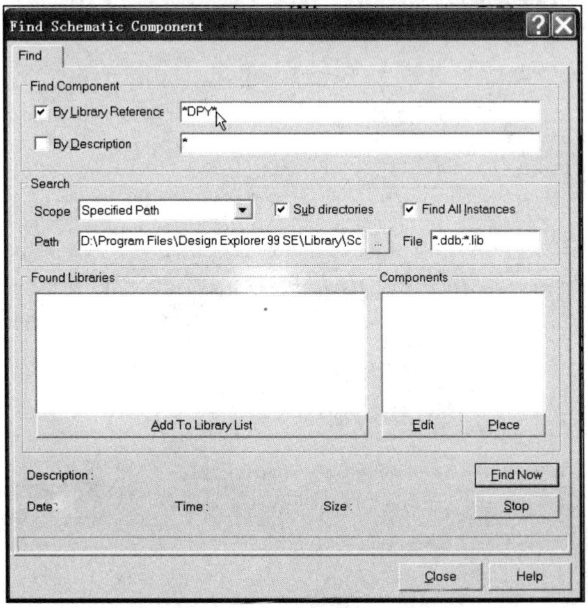

图 4-15 查找元件

Find Schematic Component(查找原理图元件)对话框中各选项含义如下。

(1) By Library Reference：要查找的元件名，选中此项后输入数码管的名字：*DPY* ("*"匹配所有的字符)。

(2) By Description：要查找的元件描述，可不输入。

(3) Search 区域内容如下。

Scope：查找范围，有 3 个选项。

①Specified Path：按指定的路径查找。

②Listed Libraries：从所载入的元件库中查找。

③All Drives：在所有驱动器的元件库中查找。

(4) Sub directories：选中则指定路径下的所有子目录都会被查找。

(5) Find All Instance：选中则查找所有符合条件的元件，否则查找到第一个符合条件的元件后，就停止查找。

(6) Path：在选择 Specified Path 项后，要在此栏中输入要求查找的路径。输入原理图元件库所在的路径即可，即\Program Files\Design Explorer 99 SE\Library\Sch。也可以单击旁边的 "…" 按钮，从中选择路径。

(7) File：输入具体的元件库名，如果不知道具体的元件库名，可输入 "*" 代替主文件名，在此取默认值。

(8) Edit 按钮：编辑查找到的元件。

(9) Place 按钮：将查找到的元件放置到原理图中。

(10) Find Now 按钮：开始查找。

(11) Stop 按钮：停止查找。

(12) Found Libraries 区域：查找到的元件库和元件名列表。

按图 4-15 设置正确后，单击 Find Now 按钮，即开始查找元件，查找的结果如图 4-16 所示。

图 4-16　找到的数码管

4.6.2　从其他库中复制元件

设计者可从其他已打开的原理图库中复制元件到当前原理图库，然后根据需要对元件属性进行修改。打开其他原理图库的方法如下。

(1) 在图 4-16 中的 Components(元件)区域，选中一个找到的元件，单击 Edit 按钮，进入设计者查找到的元件所在的元件库编辑窗口，如图 4-17 所示。如果图 4-17 中显示的不是设计者想要的元件，可以单击 ⟩、⟨ 按钮查找需要的元件。找到需要的元件后，在原理图库管理器的 Components 区域右击需要的元件，弹出快捷菜单，如图 4-18 所示，选择 Copy命令。

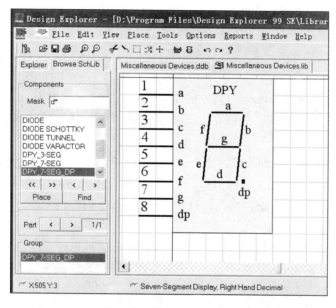

图 4-17　打开找到的 Miscellaneous Devices.lib 原理图库

(2) 选择设计管理器的 Explorer 标签，如图 4-19 所示，选择自己建的原理图库文件(Schlib1.Lib)，进入 Schlib1.Lib 编辑窗口，选择设计管理器的 Browse SchLib 标签，在 Components 区域右击，弹出快捷菜单，如图 4-18 所示，选择 Paste 命令，即将找到的元件复制到目标库文档(Schlib1.Lib)中(元件可从当前库中复制到任一个已打开的库中)。

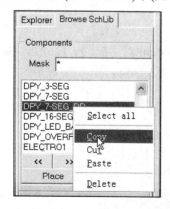

图 4-18　快捷菜单

图 4-19　设计管理器的 Explorer 标签

(3) 设计者可以通过元件库管理器一次复制一个或多个元件到目标库，按住 Ctrl 键单击元件名可以离散地选中多个元件或按住 Shift 键单击元件名可以连续地选中多个元件，保持选中状态并右击，在弹出的快捷菜单中选择 Copy 命令；打开目标文件库(选择设计管理器的 Explorer 标签，在该管理器内，打开目标文件库)，选择元件库管理器(Browse SchLib 标签)，右击 Components 列表区域，在弹出的快捷菜单中选择 Paste 命令即可将选中的多个元件复制到目标库中。

4.6.3　修改元件

由于数码管 DPY_7-SEG_DP(图 4-17) 的形状与需要的数码管形状(图 4-23)差别较大，所以需要修改它的形状，图 4-23 所示的数码管是实际选用数码管的形状。

(1) 选择黄色的矩形框，把它改成左上角坐标为(0，0)，右下角坐标为(90，-70)的矩形框。

(2) 把引脚名为 a 的 Number(引脚号)改为 7；b 改为 6；c 改为 4；d 改为 2；e 改为 1；f 改为 9；g 改为 10；DP 改为 5，如图 4-23 所示。注意：修改引脚的 Number 时，显示引脚名，引脚号。

(3) 移动引脚 a～g、dp 到顶部，选中引脚时，按 Tab 键，可编辑引脚的属性，按 Space 键可按以 90° 间隔逐级增加来旋转引脚，把引脚移到图 4-23 所示的位置。删除不需要的字符：a、b、c、d、e、f、g、dp，方法：选中字符按 Delete 键。添加 3、8 引脚，如图 4-23 所示。

(4) 改动中间的"8"字。执行 Options→Document Options 命令，弹出 Library Editor Workspace 对话框，将 Snap 栅格改为 1。选中要移动的线段，按图 4-23 所示的位置，移到需要的地方即可。

(5) 也可以重新画"8"字，执行 Place→Line 命令，弹出 Poly Line 对话框，按 Tab 键，可编辑线段的属性，如图 4-20 所示，选 Line Width 为 Medium，Line Style 为 Solid，Color 选需要的颜色，设置好后，单击 OK 按钮，即可画出需要的 8 字。

(6) 小数点的画法：执行 Place→Ellipse 命令，弹出 Ellipse 对话框，按 Tab 键，可编辑椭圆的属性，如图 4-21 所示，选 Border Width 为 Medium，Border Color 与 Fill Color 的颜色一致(与线段的颜色相同)，设置好后，单击 OK 按钮，光标处悬浮椭圆轮廓，首先用鼠标在需要的位置定圆心，再定 X 方向的半径，最后定 Y 方向的半径，即可画好小数点。

(7) 放置字母：执行 Place→Text 命令，弹出 Annotation 对话框，按 Tab 键，可编辑 Text 的属性，如图 4-22 所示，把 Color 改成黑色，Text 处输入字母：a，设置好后，单击 OK 按钮，光标处悬浮字母，把它移到需要的地方，按鼠标左键即可。修改好的数码管如图 4-23 所示。

完成后，将 Snap 栅格改为 10。

图 4-20　设置 Poly Line 的属性

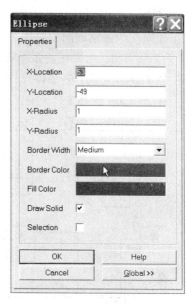

图 4-21　设置 Ellipse 的属性

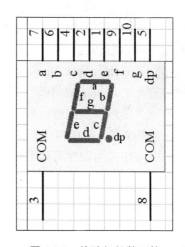

图 4-22　设置 Text 的属性

图 4-23　修改好的数码管

4.7　创建多部件原理图元件

前面示例中所创建的两个元件的模型代表了整个元件，即单一模型代表了元器件制造商所提供的全部物理意义上的信息(如封装)。但有时候，一个物理意义上的元件只代表某一部件会更好。比如一个由 8 只分立电阻构成且每一只电阻可以被独立使用的电阻网络。再比如 2 输入四与门芯片 74LS08 如图 4-24 所示，该芯片包括 4 个 2 输入与门，这些 2 输入与门可以独立地被随意放置在原理图上的任意位置，此时将该芯片描述成 4 个独立的 2

输入与门部件，比将其描述成单一模型更方便实用。4 个独立的 2 输入与门部件共享一个元件封装，如果在一张原理图中只用了一个与门，在设计 PCB 板时还是要用一个元件封装，只是闲置了 3 个与门；如果在一张原理图中用了 4 个与门，在设计 PCB 板时还是只用一个元件封装，没有闲置与门。多部件元件就是将元件按照独立的功能块进行描绘的一种方法。

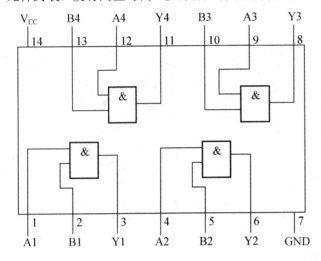

图 4-24 2 输入四与门芯片 74LS08 的引脚图及实物图

作为示例，创建 74LS08 的 2 输入四与门电路的步骤如下。

(1) 在原理图库编辑中执行 Tools→New Component(快捷键：T，C)命令，弹出 New Component Name 对话框。

(2) 在 New Component Name 对话框内，输入新元件名称：74LS08，单击 OK 按钮，在元件库管理器 Components 列表中将显示新元件名，同时显示一张中心位置有一个巨大十字准线的空元件图纸以供编辑。

(3) 下面将详细介绍如何建立第一个部件及其引脚，其他部件将以第一个部件为基础来建立，只需要更改引脚序号即可。

4.7.1 建立元件轮廓

元件体由若干线段和圆角组成，执行 Edit→Jump Origin(快捷键：J，O)命令使元件原点在编辑页的中心位置，同时要确保栅格清晰可见(快捷键：PageUP)。

1. 放置线段

(1) 为了画出的符号清晰、美观，Protel 99 SE 状态栏会显示当前光标的坐标信息，本例中设置 Snap 栅格值为 5。

(2) 执行 Place→Line(快捷键：P，L)命令或单击工具栏 ✏ 按钮，光标变为十字准线，进入折线放置模式。

(3) 按 Tab 键设置线段属性，在 Polyline 对话框中设置线段宽度为 Small，Color 设为需要的颜色。

(4) 参考状态显示栏左侧 X、Y 坐标值，将光标移动到(25，−5) 位置，按 Enter 键选定线段起始点,之后用鼠标单击各分点位置从而分别画出折线的各段(单击位置分别为(0,−5)、(0,−35)、(25,−35)),如图 4-25 所示。

(5) 完成折线绘制后,右击或按 Esc 键退出放置折线模式,注意要保存元件。

2. 绘制圆弧

放置一个圆弧需要设置 4 个参数:中心点、半径、圆弧的起始角度、圆弧的终止角度。注意:可以按 Enter 键代替单击方式放置圆弧。

(1) 执行 Place→Arcs(快捷键:P,A)命令,光标处显示最近所绘制的圆弧,进入圆弧绘制模式。

(2) 按 Tab 键弹出 Arc 对话框,设置圆弧的属性,这里将半径设置为 15,起始角度设置为 270,终止角度为 90,线条宽度为 Small,如图 4-26 所示,单击 OK 按钮。

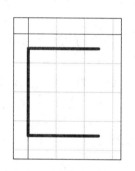

图 4-25　放置折线,确定了元件体
第一部件的范围

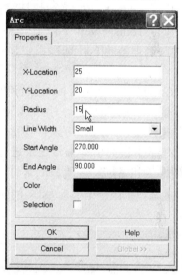

图 4-26　在 Arc 对话框中设置圆弧属性
(可使用鼠标或直接输入数值)

(3) 移动光标到(25,−20)位置,按 Enter 键或单击选定圆弧的中心点位置,无须移动鼠标,光标会根据 Arc 对话框中所设置的半径自动跳到正确的位置,按 Enter 键确认半径设置。

(4) 光标跳到对话框中所设置的圆弧起始位置,不移动鼠标按 Enter 键确定圆弧起始角度,此时光标跳到圆弧终止位置,按 Enter 键确定圆弧终止角度。

(5) 右击或按 Esc 键退出圆弧放置模式。

(6) 绘制圆弧的另一种方法:执行 Place→Arcs 命令,依次单击圆弧的中心(25,−20)、圆弧的半径(40,−20)、圆弧的起始点(25,−35)、圆弧的终点(25,−5),即绘制好圆弧,右击或按 Esc 键退出圆弧放置模式。

4.7.2　添加信号引脚

设计者可使用"创建 AT89C2051 单片机"所介绍的方法为元件第一部件添加引脚,如图 4-27 所示,引脚 1 和引脚 2 在 Electrical Type 栏设置为输入引脚(Input),引脚 3 设置为输出引脚(Output),所有引脚长度均为 20,不显示引脚名。

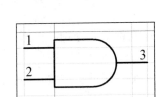

图 4-27　元件 74LS08 的部件 A

如图 4-27 所示，图中引脚方向可由在放置引脚时按 Space 键以 90°间隔逐级增加来旋转引脚时决定。

4.7.3　建立元件其余部件

(1) 执行 Edit→Select→All 命令，选择目标元件。

(2) 执行 Edit→Copy 命令(快捷键：Ctrl＋C)将前面所建立的第一部件复制到剪贴板。

(3) 执行 Tools→New Part 命令或单击绘图工具栏的 按钮，显示空白元件页面，此时在元件库管理器的 Part 选项组中显示"2/2"，表示当前处于第二部件编辑状态，如图 4-28 所示。

(4) 在部件 2/2 编辑区内，执行 Edit→Paste 命令(快捷键：Ctrl＋V)，光标处将显示元件部件轮廓，以原点(黑色十字准线为原点)为参考点，将其作为部件 B 放置在页面的对应位置，如果位置没对应好可以移动部件调整位置。

(5) 对部件 B 的引脚编号逐个进行修改，双击引脚，在弹出的 Pin Properties 对话框中修改引脚编号和名称，修改后的部件 B 如图 4-29 所示。

(6) 重复步骤(3)～(5) 生成余下的两个部件：部件 C 和部件 D，如图 4-30 所示，并保存库文件。

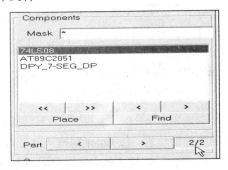

图 4-28　部件 B 被添加到元件

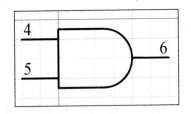

图 4-29　74LS08 部件 B

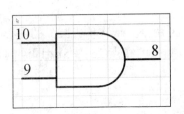

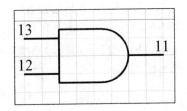

图 4-30　74LS08 的部件 C 和部件 D

由于部件 A 被选中后颜色变成黄色，要恢复正常的颜色，取消选中即可。方法如下：执行 Edit→DeSelect→All 命令，取消选中目标元件。

4.7.4 添加电源引脚

给第一部件放置电源和接地引脚,如图 4-31 所示。单击元件库管理器 Part 选项组中的 < 按钮,切换到 74LS08 的第一部件,再给它放置两个引脚,对其中一个引脚属性进行设置: Name 设为 GND, Number 设为 7, 在 Electrical Type 栏中选择 Power,选中 Show Name、Show Number 复选框;再对另一个引脚属性进行设置: Name 设为 VCC, Number 设为 14, 在 Electrical Type 栏中选择 Power,选中 Show Name、Show Number 复选框。

有时为了设计的原理图美观,需要把 7、14 脚隐藏起来,如图 4-32 所示,将两个引脚属性中的 Hidden 复选框选中。

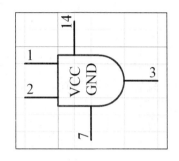

图 4-31 放置电源和接地引脚

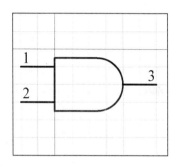

图 4-32 隐藏电源和接地引脚

从菜单栏中执行 View→Show Hidden Pins 命令以显示隐藏目标,则能看到完整的元件部件。注意:有时隐藏引脚,会引起原理图错误,为了避免错误,最好不隐藏引脚。

4.7.5 设置元件属性

(1) 在元件库管理器中,单击 Description 按钮或执行菜单 Tools→Description 命令,打开 Component Text Fields 对话框,设置 Default Designator 为"U?",Description 处为"2 输入四与门",在 Footprint1 处为元件添加名为 SO-14 的封装,Footprint2 处为元件添加名为 DIP-14 的封装(下一项目使用 PCB ComponentWizard 建立 DIP-14 封装模型)。

(2) 执行 File→Save 命令保存该元件。

4.8 检查元件并生成报表

在元件编辑器中可以产生 3 种报表:元件报表、元件库报表、元件规则检查报告。利用元件报表可以了解元件各方面的信息,给绘制新元件带来很多方便。生成报表之前需确认已经对库文件进行了保存,关闭报表文件会自动返回原理图库编辑界面。

4.8.1 元件规则检查器

元件规则检查器会检查出引脚重复定义或者丢失等错误,步骤如下所示。

(1) 执行 Reports→Component Rule Check(快捷键:R,R)命令,显示 Library Component Rule Check 对话框,如图 4-33 所示。

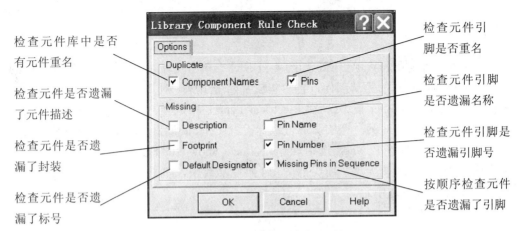

检查元件库中是否
有元件重名

检查元件是否遗漏
了元件描述

检查元件是否遗
漏了封装

检查元件是否遗
漏了标号

检查元件引
脚是否重名

检查元件引脚
是否遗漏名称

检查元件引脚是
否遗漏引脚号

按顺序检查元件
是否遗漏了引脚

图 4-33   元件规则检查对话框

(2) 设置想要检查的各项属性(一般选择默认值)，单击 OK 按钮，将在 Text Editor 中生
成 Schlib1.ERR 文件，如图 4-34 所示，里面列出了所有违反了规则的元件。

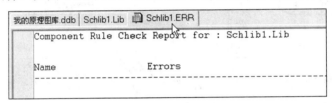

图 4-34   生成的元件规则检查报告

(3) 如果有错误，需要对原理图库进行修改，修改后重新检查，直到没有错误为止。
(4) 保存原理图库。

4.8.2   元件报表

生成包含当前元件可用信息的元件报表的步骤如下所示。
(1) 执行 Reports→Component 命令(快捷键：R，C)。
(2) 系统显示 Schlib1.cmp 报表文件，如图 4-35 所示，里面包含了元件各个部分及引脚
细节信息。

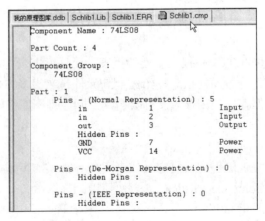

图 4-35   生成的元件报表文件

4.8.3　库报表

为库里面所有元件生成完整报表的步骤如下所示。

(1) 执行 Reports→Library 命令(快捷键：R，T)。

(2) 系统显示 Schlib1.rep 报表文件，如图 4-36 所示，里面包含了库内所有元件的信息。

图 4-36　生成的元件库报表文件

如果要在设计管理器内把某个文件删除，如删除 Schlib1.rep 报表文件，首先要把 Schlib1.rep 关闭，选中 Schlib1.rep 报表文件右击，弹出快捷菜单，选择 Delete 命令即可，如图 4-37 所示。

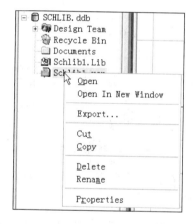

图 4-37　删除在设计管理器内选中的文件

4.9　项　目　实　训

实训目的

(1) 熟练掌握原理图库的建立方法。

(2) 熟悉元件库管理器的使用。

(3) 熟悉在系统提供的库文件夹内，查找自己需要元件的方法。

(4) 熟练掌握在原理图库内新建元件、修改元件、删除元件的方法。

(5) 熟练掌握从其他打开的原理图内复制元件到目标原理图库内。

(6) 熟练掌握多部件元件的建立方法。

(7) 熟悉检查元件并生成各种报表的方法。

实训任务

(1) 新建一个文件夹，在该文件夹内，新建一个名为"SCHLIB.ddb"的数据库文件，在该数据库文件的 Documents 文件夹中建立了一个文件名为"SchLib1.Lib"的库文件。

(2) 在系统提供的库文件夹内查找单片机：AT89C2051，如果不能找到，完成第(3)题。

(3) 在"SchLib1.Lib"的库文件内，新建 AT89C2051 元件，设置元件属性，为该元件添加封装 DIP14、DIP-14(DIP14 系统封装库内已有的封装，DIP-14 准备建的封装)。

(4) 在"SchLib1.Lib"的库文件内，新建 MAX1487E 元件，如图 4-38 所示，设置元件属性，为该元件添加封装 DIP14、SO14。

(5) 在系统提供的库文件夹内查找数码管，找到后将数码管复制到"SchLib1.Lib"的库文件内，修改数码管的形状，以满足设计者的需要。

(6) 在"SchLib1.Lib"的库文件内建立 2 输入四与非门元件 SN54LS26，如图 4-39 所示。

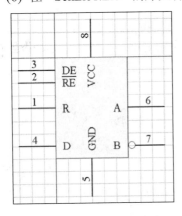

图 4-38　MAX1487E 元件

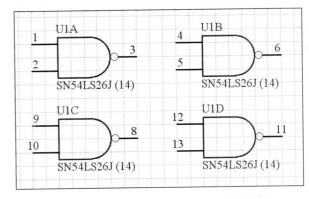

图 4-39　2 输入四与非门元件 SN54LS26

(7) 检查元件并生成报表，在元件编辑器中产生 3 种报表：元件报表、元件库报表、元件规则检查报告。

项 目 小 结

本项目首先讲清楚了原理图库、封装库的含义(原理图库简单的理解就是所有原理图元件的集合)，然后介绍了元件库管理器的功能，在熟悉了这些基础内容后，创建了第一个元件 AT89C2051 单片机，通过创建该元件，熟悉了建立原理图库，在原理图库内创建新元件的基本方法。修改已有元件，使其成为新元件，这样做有时可以大大提高制作新元件的效率。这种方法的思路是将一个已有元件库中的某元件复制到新建的元件库中，再进行修改使其成为新元件。为了使设计者掌握该方法，本项目介绍了复制数码管元件到自己建立的库内并修改该元件。在自己建立的原理图库内，本项目介绍了多部件元件的建立方法。为了检查设计者建的元件是否正确，介绍了元件规则检查器及各种报表。通过这 3 个各具特色的元件的建立方法的学习，掌握在原理图库内创建元件的基本方法，设计者可以根据需要在自己建立的原理图库内创建更多的元器件。

<h1 style="text-align:center">学习思考题</h1>

1. 在 Protel 99 SE 中有几种库文件？

2. 在 Protel 99 SE 的安装库文件夹下(D:\Program Files\Design Explorer 99 SE\Library)，查看有哪些公司的库文件？哪些是原理图库？哪些是封装库？

3. 复制安装盘符下的 D:\Program Files\Design Explorer 99 SE\Library\Sch\Altera Memory.ddb 数据库文件到自己新建的文件夹内，启动 Protel 99 SE，打开该数据库文件，在原理图库编辑界面内，查看有哪些原理图库？在该原理图库内有哪些元件？元件的属性、封装是怎样设置的？学习原理图库的结构。

4. 将库文件"Miscellaneous Devices.lib"中的"8 HEADER"复制到"Schlib1. Lib"库文件中。

5. 原理图元件库文件的扩展名与原理图文件的扩展名怎样区别？

项目 5

元器件封装库的创建

教学目标

(1) 熟悉元件封装库编辑器。

(2) 熟练掌握在封装库内创建封装元件的多种方法。

(3) 熟悉检查元件封装并生成报表的方法。

教学要求

能力目标	相关知识	权重
熟悉元件封装库编辑器	元件封装库编辑器的启动 元件封装库编辑器介绍	15%
在封装库内创建封装元件	手工创建新元件封装 使用向导创建元件封装 从其他库复制封装	75%
检查元件封装并生成报表	元件规则检查器 元件报表 库报表	10%

任务描述

前一项目介绍了原理图元件库的建立，本项目进行元器件封装库的介绍，针对前一项目介绍的 3 个元件：单片机 AT89C2051、数码管 DPY_7-SEG_DP、2 输入四与门 74LS08，在这里为这 3 个元件建立封装。本项目包含以下主题。

(1) 建立一个新的 PCB 库。

(2) 元件封装库管理器。

(3) 手动建立元件封装。

(4) 使用向导(Component Wizard)建立元件封装。

(5) 从其他来源添加封装。

(6) 元件规则检查器。

元件封装是指与实际元件形状和大小相同的投影符号。Protel 99 SE 为 PCB 设计提供了比较齐全的各类直插元件和 SMD 元件的封装库，这些封装库位于 Protel 99 SE 安装盘符下的\Program Files\Design Explorer 99 SE\Library\Pcb 文件夹中。但由于电子技术的飞速发展，一些新型元器件不断出现，这些新元器件的封装在元器件封装库中无法找到，解决这个问题的方法就是利用 Protel 99 SE 的元件封装库管理器制作新的元器件封装。

在实际应用中，电阻、电容的封装名称分别是 AXIAL 和 RAD，对于具体的对应可以不做严格的要求，因为电阻、电容都有两个引脚，引脚之间的距离可以不做严格的限制。直插元件有双排和单排之分，双排的被称为 DIP，单排的被称为 SIP。表面贴装元件的名称是 SMD，贴装元件又有宽窄之分，窄的代号是 A，宽的代号是 B。在电路板的制作过程中，往往会用到插头，它的名称是 DB。

5.1　元件封装库编辑器

元件封装库编辑器是 Protel 99 SE 的一个重要模块，其作用是制作或编辑元器件封装。设计者可以将元件封装从一个 PCB 库复制，粘贴到另外一个 PCB 库中。

5.1.1　元件封装库编辑器的启动

启动元件封装库编辑器有两种常用的方法：一是通过新建一个元件封装库文件启动编辑器；二是打开一个已有的元件封装库文件启动编辑器。下面以新建一个元件封装库文件来启动编辑器。

(1) 在 Protel 99 SE 的主窗口内，选择主菜单上的 File→New 命令，显示 New Design Database 对话框，在对话框内将数据库文件名"Mydesign.ddb"改为"Footprint.ddb"，单击 Browse 按钮，把存放库文件的文件夹设置正确(按自己的需要设置，这里设成：G：\Protel 99 SE 教材\PCB 库)，单击 OK 按钮，进入设计数据库界面。

(2) 选择主菜单上的 File→New 命令，显示图 5-1 所示的 New Document 对话框，选择 PCB Library Document 图标，单击 OK 按钮，进入 PCB 元件封装库编辑器界面，如图 5-2 所示。由图 5-2 可见，在"Footprint.ddb"数据库文件的 Documents 文件夹中建立了一个文件名为"PCBLIB1.LIB"的库文件，用户可以根据需要更改该名字，同时启动了 PCB 元件封装库编辑器。

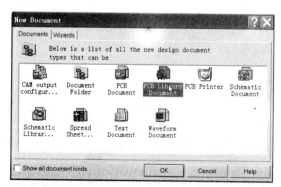

图 5-1　选择 PCB Library Document 图标

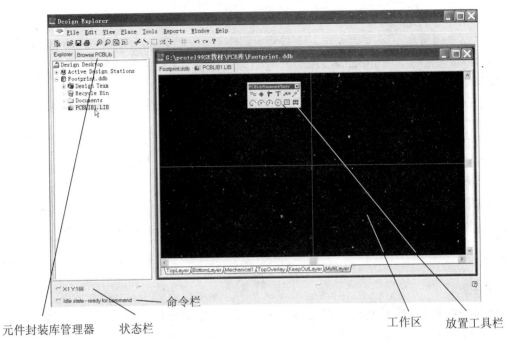

元件封装库管理器   状态栏   命令栏   工作区   放置工具栏

图 5-2　元件封装库编辑器界面

　　选择元件封装库管理器(选择 Browse PCBLib 标签)，显示如图 5-3 所示的面板，元件封装库管理器的 Components 区域，自动产生一新元件，文件名为"PCBCOMPONENT_1"。如果要改文件名，选择菜单 Tools→Rename Component 命令或单击 Rename 按钮即可。

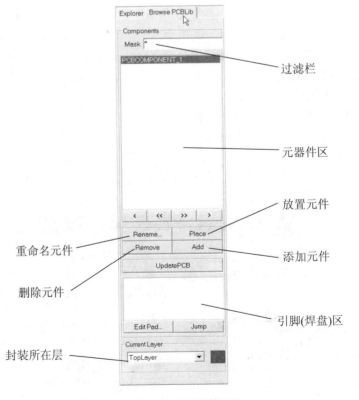

过滤栏
元器件区
放置元件
重命名元件　　删除元件　　添加元件
引脚(焊盘)区
封装所在层

图 5-3　元件封装库管理器

5.1.2　元件封装库编辑器介绍

1.　Components 区域

Components 区域用于对当前 PCB 封装库中的元件进行管理，可以在 Components 区域对元件进行放置、添加和删除等工作。元件(Components)的 Mask(过滤)栏，过滤封装库中的元件，如为"*"号，显示库内所有的元件；如为"D*"，显示以 D 开头的库内元件。在图 5-3 中，由于是新建的一个 PCB 封装库，其中只包含一个新的名称为"PCBCOMPONET_1"的元件。

单击 > 按钮显示下一个元件，单击 < 按钮显示前一个元件，单击 >> 按钮显示最末一个元件，单击 << 按钮显示第一个元件。

单击 Place 按钮，将 Components 区域中所选择的元件封装放置到一个处于激活状态的 PCB 图中。如果当前工作区没有任何 PCB 图打开，则建立一个新的 PCB 图文件，然后将选择的封装放置到这个新的 PCB 图文件中。

单击 Add 按钮，将启动 Component Wizard，为 PCB 封装库添加一个新元件。

单击 Remove 按钮，将在元件区域选中的元件从封装库内删除。

单击 Rename 按钮，将为在元件区域选中的元件改名。

单击 UpdatePCB 按钮，将在元件区域选中的元件更新到 PCB 图中。

2.　引脚(焊盘)区

引脚(焊盘)区域显示在 Components 区域中所选择封装的引脚序号。

单击 Edit Pad 按钮，将编辑在引脚(焊盘)区选中焊盘的属性。

单击 Jump 按钮，不会弹出焊盘属性设置对话框，而是将选中的焊盘放大到整个工作窗口。

3.　Current Layer 区域

确定元件封装所在的层面，一般选择 TopLayer 层。

5.2　创建新的封装元件

设计者可在一个已打开的库中执行 Tools→New Component 命令新建一个元件封装。由于新建的库文件中通常已包含一个空的元件，因此一般只需要将 PCBCOMPONENT_1 重命名就可开始对第一个元件进行设计，这里为前一个项目介绍的数码管元件建立封装，以它为例介绍新元件封装的创建步骤。

在新元件的编辑界面内进行操作。

在元件封装库管理器上的 Components 列表中选中 PCBCOMPONENT_1 选项，执行菜单 Tools→ Rename Component 命令或单击 Rename 按钮，弹出改名元件(Rename Component)对话框，输入一个新的、可唯一标识该元件的名称，如"LED-10"，并单击 OK 按钮，同时显示一张中心位置有一个巨大十字准线的空元件图纸以供编辑。

5.2.1 手工创建新元件封装

对于形状特殊的元件，需要手工方法创建该元件的封装。在制作新元件封装前，先要了解实际元件的有关参数，如实际元件的外形轮廓和尺寸等。元件封装的参数可以通过查阅元件资料或者测量实际的元件获得。

创建一个元件封装，需要为该封装添加用于连接元件引脚的焊盘和定义元件轮廓的线段和圆弧。设计者可将所设计的对象放置在任何一层，但一般的做法是将元件外部轮廓放置在 Top Overlay 层(即丝印层)，焊盘放置在 Multilayer 层(对于直插元器件)或顶层信号层(对于贴片元件)。

1. 检查当前使用的单位和网格显示是否合适

执行 Tools → Library Options 命令(快捷键：T，O)，打开 Document Options 对话框，设置 Measurement Unit 为 Imperial(英制)，X、Y 方向的 Snap Grid 为 10mil，其他选默认值，如图 5-4 所示。

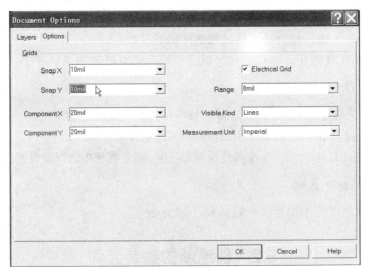

图 5-4　在 Document Options 对话框中设置单位和栅格

 知识链接

　(1) 计量单位有两种：英制(Imperial)和米制(Metric)，默认为英制单位。1in=1000m，1in=2.54cm，1cm=10mm。

　(2) 捕获栅格(Snap Grid)：捕获栅格的设置实际上就是设置光标移动的间距。Snap X：选择或输入光标水平方向移动的间距，Snap Y：选择或输入光标垂直方向移动的间距。

　(3) 元件栅格(Component Grid)：是指设置元件移动的间距。Component X：选择或输入元件水平方向移动的间距，Component Y：选择或输入元件垂直方向移动的间距。

　(4) 电气栅格(Electrical Grid)：主要是为了方便印制电路板布线而设置的特殊栅格。在移动导电对象(如导线、元件和过孔等)时，如果该导电对象进入到另一个导电对象的电气栅格范围内，两者将会自动连接在一起。设置电气栅格范围时，先要选中 "Electrical Grid"，然后输入电气栅格范围，一般设置的数值应小于捕获栅格间距。

(5) 可视栅格（Visible Kind）：是指在屏幕上可以看到的栅格，可视栅格的类型有线状(Lines)和点状(Dots)两种，在 Visible Kind 栏中选择。

(6) 在图 5-4 中，选择 Layers 标签。

Visible Grid1：把 PCB 板放大时的可见网格。

Visible Grid2：把 PCB 板缩小时的可见网格。

推荐在工作区(0，0)参考点位置(有原点定义)附近创建封装，在设计的任何阶段，使用快捷键(J，R)就可使光标跳到原点位置。

 知识链接

参考点就是放置元件时，"拿起"元件的那一个点。一般将参考点设置在第一个焊盘中心点或元件的几何中心。设计者可通过执行 Edit→Set Reference（设置参考点）命令随时设置元件的参考点。

按 Ctrl + G 键可以在工作时改变捕获网格大小，按 L 键在 Document Options 对话框中设置网格是否可见。

2. 为新封装添加焊盘

Pad Properties(焊盘属性)对话框(图 5-5) 为设计者在所定义的层中检查焊盘形状提供了预览功能，设计者可以将焊盘设置为标准圆形、八边形、方形等。放置焊盘是创建元件封装中最重要的一步，焊盘放置是否正确，关系到元件是否能够被正确焊接到 PCB 板，因此焊盘位置需要严格对应于元件引脚的位置。放置焊盘的步骤如下所示。

(1) 执行 Place→Pad 命令(快捷键：P，P)或单击工具栏 ◉ 按钮，光标处将出现焊盘，放置焊盘之前，先按 Tab 键，弹出 Pad 对话框，如图 5-5 所示。

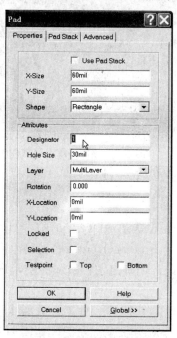

图 5-5　放置焊盘之前设置焊盘参数

(2) 在图 5-5 所示对话框中编辑焊盘各项属性。将 X-Size、Y-Size 都设为 60mil(焊盘外径)，焊盘形状(Shape)选为 Rectangular(方形)，在 Designator 处，输入焊盘的标号为 1，设置 Hole Size(焊盘孔径)为 30mil，其他选默认值，单击 OK 按钮，建立第一个方形焊盘。

(3) 利用状态栏显示坐标，将第一个焊盘拖到(X：0，Y：0)位置，单击或者按 Enter 键确认放置。

(4) 放置完第一个焊盘后，光标处自动出现第 2 个焊盘，按 Tab 键，弹出 Pad 对话框，将焊盘 Shape(形状)改为 Round(圆形)，其他用上一步的默认值，将第二个焊盘放到(X：100，Y：0)位置。注意：焊盘标识会自动增加。

(5) 在(X：200，Y：0)处放置第 3 个焊盘(该焊盘用上一步的默认值)，X 方向每次增加 100mil，Y 方向不变，依次放好第 4、第 5 个焊盘。

(6) 然后在(X：400，Y：600)处放置第 6 个焊盘(Y 的距离由实际数码管的尺寸而定)，X 方向每次减少 100mil，Y 方向不变，依次放好第 7～10 个焊盘。

(7) 右击或者按 Esc 键退出放置模式，所放置焊盘如图 5-6 所示。

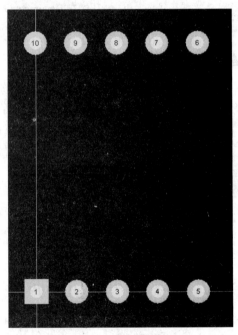

图 5-6 放置好焊盘的数码管

(8) 执行 File→Save 命令(快捷键：F，S)保存封装。

3. 为新封装绘制轮廓

PCB 丝印层的元件外形轮廓在 Top Overlay(顶层丝印板)中定义，如果元件放置在电路板底面，则该丝印层自动转为 Bottom Overlay(底层丝印板)。

(1) 在绘制元件轮廓之前，先确定它们所属的层，选择编辑窗口底部的 Top Overlay 标签。

(2) 执行 Place→Track 命令(快捷键：P，T)，放置线段前可按 Tab 键编辑线段属性，这里选默认值。光标移到(-60，-60)处按鼠标左键，绘出线段的起始点，移动光标到(460，-60)

处按鼠标左键绘出第一条段线，移动光标到(460，660)处按鼠标左键绘出第二条段线，移动光标到(-60，660)处按鼠标左键绘出第三条段线，然后移动光标到起始点(-60，-60)处按鼠标左键绘出第四条段线，数码管的外框绘制完成，如图 5-7 所示。

(3) 接下来绘制数码管的"8"字，执行 Place →Track 命令(快捷键：P，T)，依次单击以下坐标(100，100)、(300，100)、(300，500)、(100，500)、(100，100)绘制"0"字，按鼠标右键，再依次单击(100，300)、(300，300)这两个坐标，绘制出"8"字，右击或按 Esc 键退出线段放置模式。建好的数码管封装符号如图 5-7 所示。

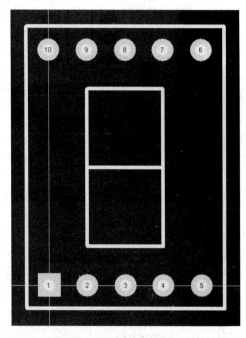

图 5-7　建好的数码管封装

特别提示

(1) 画线时，按 Shift + Space 键可以切换线段转角(转弯处)形状。

(2) 画线时如果出错，可以按 Backspace 键删除最后一次所画线段。

(3) 按 Q 键可以将坐标显示单位从 mil 改为 mm。

(4) 在手工创建元件封装时，一定要与元件实物相吻合。否则 PCB 板做好后，元件安装不上。

4. 设置元件封装的参考坐标

元件封装绘制完成后需设置参考坐标。在菜单 Edit→Set Reference 下有 3 个设置参考坐标命令：Pin1(以元件封装的 1 脚作为参考坐标)、Center(以元件封装中心作为参考坐标)、Location(以设计者的选择点作为参考坐标)。一般选择元件封装的 1 脚作为参考坐标，执行菜单 Edit→Set Reference→Pin1 命令，就将元件封装的 1 脚设为参考坐标。

执行 File → Save 命令或单击■按钮保存封装。

5.2.2 使用向导创建元件封装

对于标准的 PCB 元器件封装，Protel 99 SE 为用户提供了 PCB 元件封装向导，帮助用户完成 PCB 元件封装的制作。向导使设计者在输入一系列设置后就可以建立一个元件封装，接下来将演示如何利用向导为单片机 AT89C2051 建立 DIP-20 封装。

使用 Component Wizard 建立 DIP20 封装步骤如下所示。

(1) 执行 Tools→New Component 命令，或者单击元件封装管理器中的 Add 按钮，弹出 Component Wizard 对话框，进入向导，如图 5-8 所示。

(2) 在图 5-8 中，对所用到的选项进行设置，建立 DIP-20 封装需要如下设置：在模型样式栏内选择 Dual In-line Package(DIP)选项(封装的模型是双列直插)，单位选择 Imperial(mil)选项(英制)如图 5-8 所示，单击 Next 按钮。

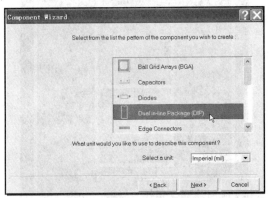

图 5-8　封装模型与单位选择

(3) 进入焊盘大小选择对话框，如图 5-9 所示，圆形焊盘选择外径为 60mil、内径为 30mil(直接输入数值修改尺寸大小)，单击 Next 按钮，进入焊盘间距选择对话框，如图 5-10 所示，为水平方向设为 300mil、垂直方向设为 100mil，单击 Next 按钮，进入元器件轮廓线宽的选择对话框，如图 5-11 所示，选默认设置(10mil)，单击 Next 按钮，进入焊盘数选择对话框，如图 5-12 所示，设置焊盘(引脚)数目为 20，单击 Next 按钮，进入元器件名选择对话框，如图 5-13 所示，默认的元件名为 DIP20，在此修改为 DIP-20(用以区别系统提供的封装元件 DIP20)，单击 Next 按钮。

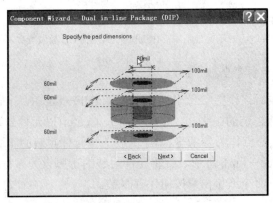

图 5-9　设置焊盘大小

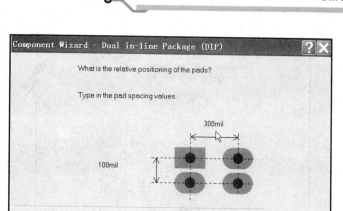

图 5-10　设置焊盘之间的垂直和水平间距

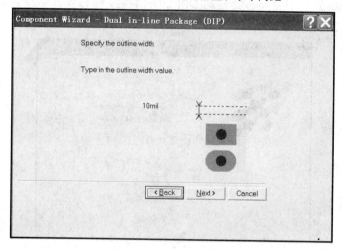

图 5-11　设置轮廓线的数值

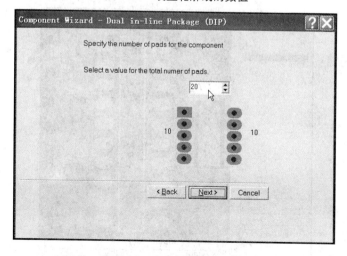

图 5-12　元件封装引脚个数

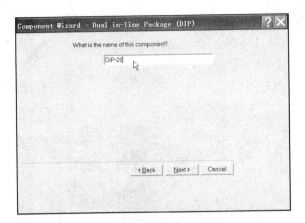

图 5-13　设置新建元件封装的名称

(4) 进入结束向导对话框，如图 5-14 所示，单击 Finish 按钮结束向导。在元件封装管理器的 Components 列表中会显示新建的 DIP-20 封装名，同时设计窗口会显示新建的封装，如有需要可以对封装进行修改，如图 5-15 所示。

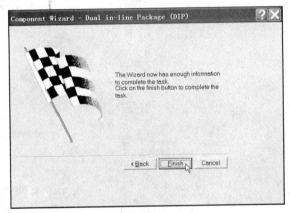

图 5-14　结束向导

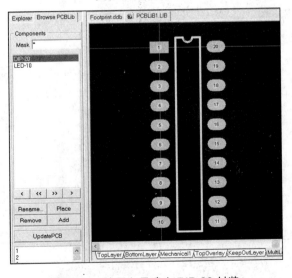

图 5-15　使用向导建立 DIP-20 封装

(5) 执行 File → Save(快捷键：F，S)命令保存库文件。

可以继续新建元件的封装，执行 Tools→New Component 命令，或者单击元件封装管理器中的 Add 按钮，弹出 Component Wizard 对话框，单击 Cancel 按钮，进入手动创建封装的编辑界面，如图 5-16 所示，就可以为下一个元件建立封装。

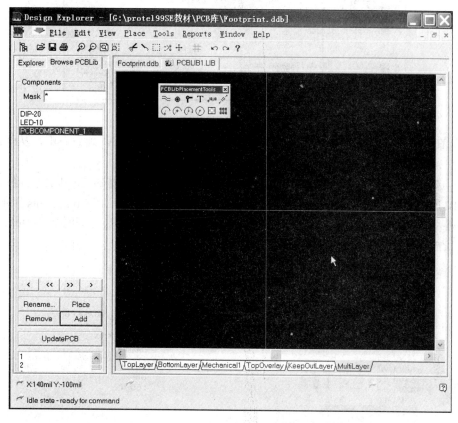

图 5-16　手动创建封装的编辑界面

设计者利用向导为元件 74LS08 建立 DIP-14 封装。

5.2.3　从其他库复制封装

有时把系统提供的封装库内的封装元件稍加修改，就可以变为设计者需要的封装，以加快封装库的建设速度。为了不破坏系统提供的封装库，把需要的封装从系统提供的封装库内复制到设计者的封装库内。方法如下。

(1) 打开设计者的 Footprint.ddb 文件。

(2) 打开系统提供的封装库文件，在封装库编辑界面，执行菜单 File → Open 命令，弹出 Open Design Database 对话框，如图 5-17 所示。在该对话框中，打开系统安装库文件夹 D:\Program Files\Design Explorer 99 SE\Library\Pcb\Generic Footprints\下的 Miscellaneous.ddb 文件，如图 5-17 所示。

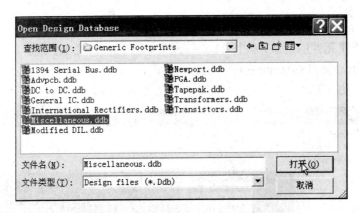

图 5-17　打开系统提供的封装库文件

(3) 在封装管理器 Browse PCBLib 标签中查找 BNC-5 封装，找到后右击，从弹出的快捷菜单中选择 Copy 命令，如图 5-18 所示。

(4) 选择目标库的库文档(如 Footprint.ddb)，选择设计管理器的 Explorer 标签，打开 PCBLIB1.LIB 库文件，再选择设计管理器的 Browse PCBLib 标签，在 Compoents 区域右击，在弹出快捷菜单中(图 5-19) 选择 Paste 命令，封装元件将被复制到目标库文档中(封装元件可从当前库中复制到任一个已打开的库中)。如有必要，可以对封装元件进行修改。

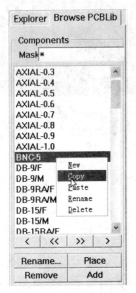

图 5-18　选择想复制的封装元件 BNC-5　　　　图 5-19　粘贴想复制的封装元件到目标库

(5) 在图 5-18 封装管理器 Browse PCBLib 的 Components 区域中，按住 Shift 键并单击可连续选中多个封装，或按住 Ctrl 键并单击可间断选中多个封装，然后右击选择 Copy 命令，切换到目标库，在封装管理器 Browse PCBLib 的 Components 区域右击选择 Paste 命令，即可一次复制多个封装元件到目标库。

5.2.4　创建按键开关、蜂鸣器的封装

(1) 掌握了以上创建封装元器件的方法后，为项目 9 数码管显示电路的 PCB 设计的开关元件 S1、S2(SW-PB)建立封装 SW2，如图 5-20 所示。

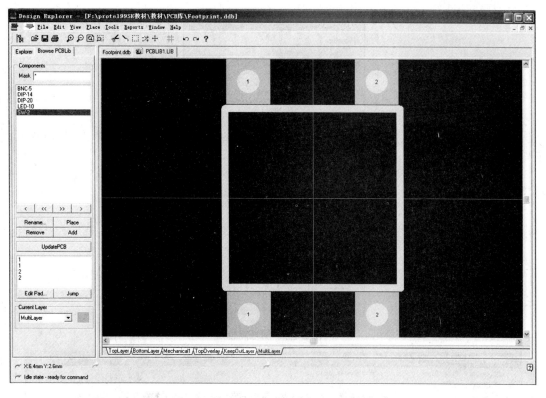

图 5-20 开关元件 S1、S2 的封装

封装尺寸及步骤如下(一定要与实际元件相吻合)。

① 执行 Place → Pad 命令，放置焊盘，选择方形焊盘，依次单击以下 4 点(-2.2mm，-3.9mm)、(2.2mm，-3.9mm)、(2.2mm，3.9mm)、(-2.2mm，3.9mm)放置焊盘。注意左边两个焊盘的序号都为 1，表示一个点，右边两个焊盘的序号都为 2，表示一个点。

元件外形轮廓在 Top Overlay(顶层丝印板)中定义。

② 在绘制元件轮廓之前，先确定它们所属的层，选择编辑窗口底部的 Top Overlay 标签。

③ 执行 Place → Track 命令，依次单击以下 4 点(-3mm，-3mm)、(3mm，-3mm)、(3mm，3mm)、(-3mm，3mm)。

(2) 为项目 9 数码管显示电路的 PCB 设计的蜂鸣器 LS1(SPEAKER)建立封装 SPEAKER，如图 5-22 所示。

① 执行 Place → Pad 命令，放置焊盘，选择圆形焊盘，依次单击以下两点(-3.5mm，0mm)、(3.5mm，0mm)放置焊盘。

② 绘制元件轮廓。单击编辑窗口底部 Top Overlay 标签，执行 Place → Arc(c)命令，按 Tab 键，弹出 Arc(圆弧)属性设置对话框，如图 5-21 所示。设置 Layer：TopOverlay，X- Center：0mm，Y- Center：0mm，Radius(半径)：6.9mm，Start Angle(起始角度)：0.000，End Angle(终止角度)：360.000。设置好后单击 OK 按钮，单击坐标原点(0，0)并按 3 个 Enter 键即可。设计好的封装如图 5-22 所示。

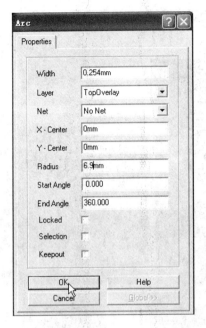

图 5-21　圆弧属性

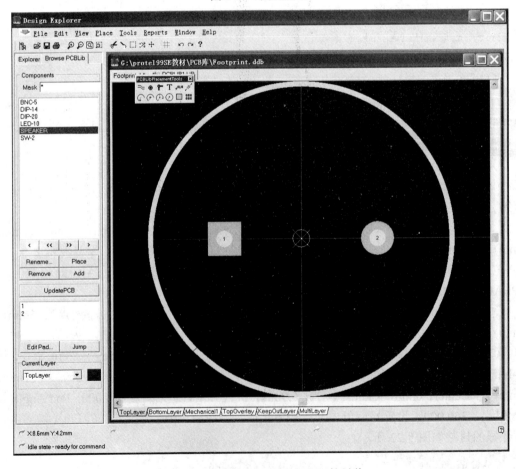

图 5-22　蜂鸣器 LS1(SPEAKER)的封装

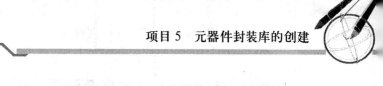

5.3　检查元件封装并生成报表

5.3.1　元件规则检查器

Protel 99 SE 提供了一系列输出报表供设计者检查所创建的元件封装是否正确以及当前 PCB 库中有哪些可用的封装。设计者可以通过 Component Rule Check 输出报表以检查当前 PCB 库中所有元件的封装，Component Rule Check 可以检验是否存在重复部分、焊盘标识符是否丢失、是否存在浮铜、元件参数是否恰当。

(1) 使用这些报表之前，先保存库文件。

(2) 执行 Reports→Component Rule Check(快捷键：R，R)命令打开 Component Rule Check 对话框，如图 5-23 所示。

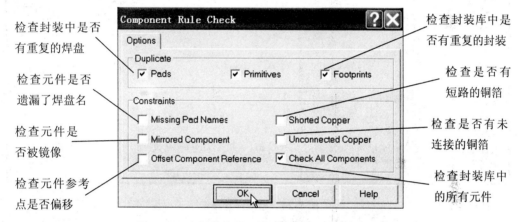

图 5-23　在封装应用于设计之前对封装进行查错

(3) 设置想要检查的各项属性(一般选择默认值)，单击 OK 按钮，生成 PCBLIB1.ERR 文件并自动打开，如图 5-24 所示，系统会自动标识出所有错误项，从图 5-24 的 PCBLIB1.ERR 报告看出，设计者复制的 BNC-5 封装，有重复的焊盘标号，设计者建的 SW-2，有重复的焊盘标号，这是设计者允许的，所以不用修改。

(4) 关闭报表文件返回 PCBLIB1.LIB。

5.3.2　元件报表

生成包含当前元件可用信息的元件报表的步骤如下所示。

(1) 执行 Reports→Component 命令(快捷键：R，C)。

(2) 系统显示 PCBLIB1.CMP 报表文件，如图 5-25 所示，里面包含了选中封装元件的焊盘、线段、文字等信息。

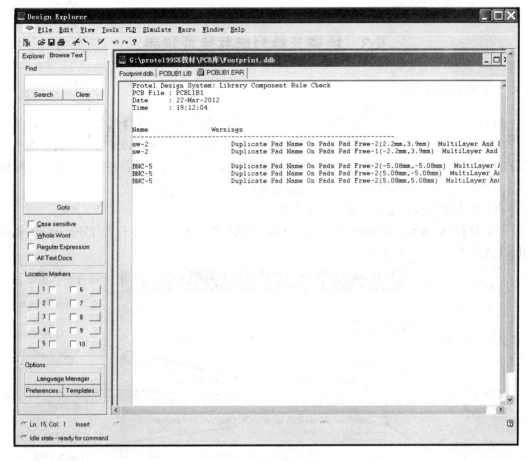

图 5-24　错误检查报告

图 5-25　生成的元件报表文件

5.3.3　库报表

为库里面所有元件生成完整报表的步骤如下所示。

(1) 执行 Reports → Library 命令。

(2) 系统显示 PCBLIB1.REP 报表文件，如图 5-26 所示，里面包含了库内所有封装元件的信息。

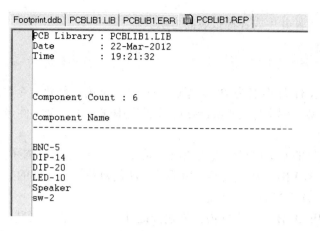

图 5-26　生成的元件库报表文件

如果要在设计管理器内把某个文件删除，如删除 PCBLIB1.REP 报告文件，首先要把 PCBLIB1.REP 关闭，选中 PCBLIB1.REP 报告文件左边的图标并右击，弹出快捷菜单，选择 Delete 命令即可，如图 5-27 所示。

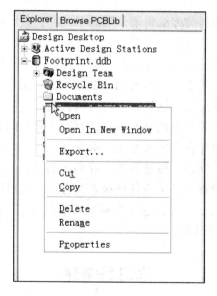

图 5-27　删除在设计管理器内选中的文件

5.4　项 目 实 训

 **实训目的**

(1) 熟练掌握 PCB 库的建立方法。

(2) 熟悉元件封装库管理器的使用。

(3) 熟悉在系统提供的库文件夹内，查找需要元件封装的方法。

(4) 熟练掌握在 PCB 库内新建元件、修改元件、删除元件的方法。

(5) 熟练掌握从其他打开的 PCB 库内复制元件封装到目标 PCB 库内的方法。

(6) 熟悉检查元件并生成各种报表的方法。

实训任务

(1) 新建一个文件夹(命名为 PCB 库)，在该文件夹内，新建一个名为 Footprint.ddb 的数据库文件，在该数据库文件的 Documents 文件夹中建立了一个文件名为 PCBLIB1.LIB 的库文件。

(2) 在系统提供的库文件夹内查找数码管元件的封装，如果不能找到，完成第(3) 题。

(3) 在 PCBLIB1.LIB 的库文件内，用手动方法创建数码管元件的封装 LED-10，用向导方法创建 DIP-14、DIP-20 的元件封装。

(4) 在 PCBLIB1.LIB 的库文件内，创建按键开关、蜂鸣器的封装。

(5) 在 PCBLIB1.LIB 的库文件内，为上一项目新建 MAX1487E 元件，建立封装 SO14。

项 目 小 结

本项目首先介绍了元件封装库编辑器，熟悉了元件封装库编辑器的界面后，用手动方法创建了数码管元件的封装，通过该元件封装的建立，熟练掌握用手动方法创建元件封装的步骤；然后介绍了用向导创建元件的封装，用向导方法为单片机 AT89C2051 元件创建了 DIP-20 的封装，用向导方法为 2 输入四与门 74LS08 元件创建了 DIP-14 的封装。修改已有元件封装，使其成为新元件封装，这样做有时可以大大提高制作新元件封装的效率。这种方法的思路是将一个已有封装库中的某元件封装复制到新建的封装库中，再进行修改使其成为新元件封装。为了使设计者掌握该方法，本项目介绍了复制 BNC-5 元件封装到自己建的封装库内并修改该元件，创建了按键开关、蜂鸣器的封装。为了检查设计者建的封装是否正确，介绍了元件规则检查器及生成各种报表的方法。通过这几个各具特色的元件封装建立方法的学习，掌握在 PCB 库内创建元件封装的基本方法，设计者可以根据需要在自己建的 PCB 库内创建更多的元件的封装。

学习思考题

1. 简述进入 PCB 库编辑器的步骤。

2. 在 PCBLIB1.LIB 的库文件内，使用向导创建一个双列直插元件封装 DIP40 (两排焊盘间距为 600mil)。

3. 到系统提供的封装库文件夹内(D:\Program Files\Design Explorer 99 SE\Library\Pcb)，复制几个封装库文件，到设计者创建的文件夹内，查看有哪些封装元件。

项目 6

原理图绘制的环境参数及设置方法

教学目标

(1) 熟悉原理图编辑的操作界面设置。
(2) 熟悉原理图图纸设置。
(3) 熟悉原理图工作环境设置。
(4) 了解原理图图纸模板设计。

教学要求

能力目标	相关知识	权重
原理图编辑的操作界面设置	状态栏的切换 命令栏的切换 设计管理器的切换 工具栏的切换	10%
原理图图纸设置	选择标准图纸 自定义图纸 设置图纸方向 设置图纸标题栏 图纸的颜色 栅格(Grids)设置 Document Options 中的系统字体设置 图纸设计信息	40%
原理图工作环境设置	Schematic 选项卡 Graphical Editing 选项卡 Default Primitives 选项卡	35%
原理图图纸模板设计	创建原理图图纸模板 原理图图纸模板文件的调用	15%

任务描述

在掌握了前几个项目的内容后，要绘制一个简单的原理图、设计印制电路板应该没有问题，但为了设计复杂的电路图，提高设计者的工作效率，把该软件的功能充分发掘出来，需要进行后续项目的学习。本项目主要介绍原理图编辑环境下的相关参数设置，将涵盖以下主题。

(1) 原理图编辑的操作界面设置。

(2) 原理图图纸设置。

(3) 原理图栅格设置。

(4) 原理图工作环境设置。

6.1　原理图编辑的操作界面设置

启动 Protel 99 SE 后，系统并不会进入原理图编辑的操作界面，只有当用户新建或打开一个原理图文件后，系统才会进入原理图编辑的操作界面(图 6-1)。本项目介绍的所有操作，都是在原理图编辑的操作界面内完成的。所以用户一定要用前面介绍的方法，打开原理图编辑器。

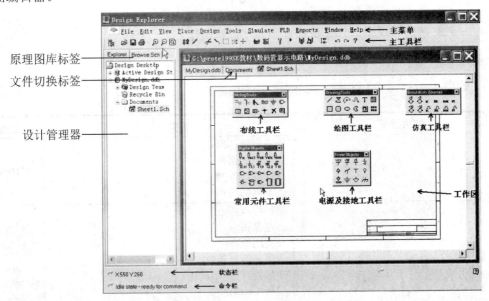

图 6-1　原理图编辑操作界面

原理图绘制的环境，就是原理图编辑器以及它提供的设计界面。若要更好地利用强大的电子线路辅助设计软件 Protel 99 SE 进行电路原理图设计，首先要根据设计的需要对软件的设计环境进行正确的配置。Protel 99 SE 的原理图编辑的操作界面，顶部为主菜单和主工具栏，左边为设计管理器，右边大部分区域为工作区，底部为状态栏及命令栏，还有绘图工具栏、布线工具栏等。除主菜单外，上述各部件均可根据需要打开或关闭。设计管理器与工作区之间的界线可根据需要左右拖动。几个常用工具栏除可将它们分别置于屏幕的上下左右任意一个边上外，还可以以活动窗口的形式出现。下面分别介绍各个环境组件的打开和关闭。

Protel 99 SE 的原理图编辑的操作界面中多项环境组件的切换可通过选择主菜单 View 中相应项目实现，如图 6-2 所示。Toolbars 为常用工具栏切换命令；Design Manager 为设计管理器切换命令；Status Bar 为状态栏切换命令；Command Status 为命令栏切换命令。菜单上的环境组件切换具有开关特性，例如，如果屏幕上有状态栏，当单击一次 status Bar 命令时，状态栏从屏幕上消失，当再单击一次 Status Bar 命令时，状态栏又会显示在屏幕上。

图 6-2　主工具栏、活动工具栏的切换

(1) 状态栏的切换。要打开或关闭状态栏，可以执行菜单 View → Status Bar 命令。状态栏中包括光标当前的坐标位置。

(2) 命令栏的切换。要打开或关闭命令栏，可以执行菜单 View →Command Status 命令。命令栏用来显示当前操作下的可用命令。

(3) 设计管理器的切换。要打开或关闭设计管理器，可以执行菜单 View →Design Manger 命令。设计管理器包括文件管理器和元器件管理器，设计管理器上方有 Explorer 和 Browse Sch 两个选项卡，当选择 Explorer 选项卡时，打开的是文件管理器，当选择 Browse Sch 选项卡时，打开的是元器件管理器。

(4) 工具栏的切换。Protel 99 SE 的工具栏中常用的有主工具栏与活动工具栏。活动工具栏包括布线工具栏(Wiring Tools)、绘图工具栏(Drawing Tools)、电源与接地工具栏(Power Objects)、常用元件工具栏(Digital Objects)、信号仿真源工具栏(Simulation Sources)和 PLD 工具栏(PLD Toolbar)。这些工具栏的打开与关闭可通过菜单 View → toolbars 中的相关命令的执行来实现。工具栏菜单及子菜单如图 6-2 所示。

6.2　图纸设置

6.2.1　图纸尺寸

在电路原理图绘制过程中，对图纸的设置是原理图设计的第一步。虽然在进入原理图设计环境时，Protel 99 SE 系统会自动给出默认的图纸相关参数。但是对于大多数电路图的设计，这些默认的参数不一定适合设计者的要求，尤其是图纸幅面的大小，一般都要根据设计对象的复杂程度和需要对图纸的大小重新定义。在图纸设置的参数中除了要对图幅进行设置外，还包括图纸选项、图纸格式以及栅格的设置等。

1. 选择标准图纸

设置图纸尺寸时可执行 Design → Options 菜单命令，执行后，系统将弹出 Document Options 对话框，选择其中的 Sheet Options 标签进行设置，如图 6-3 所示。

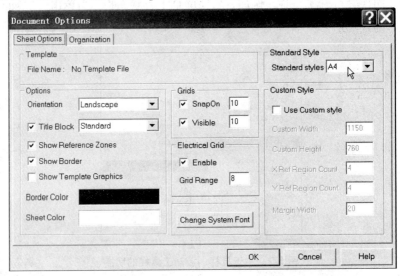

图 6-3　用 Sheet Options 选项卡进行原理图图纸的设置

在 Standard Style 栏的 Standard Styles 处，单击右边的 ▼ 按钮，可选择各种规格的图纸。Protel 99 SE 系统提供了 18 种规格的标准图纸，各种规格的图纸尺寸见表 6.1。

表 6.1　各种规格的图纸尺寸

代号	尺寸(英寸)	代号	尺寸(英寸)
A4	11.5×7.6	E	42×32
A3	15.5×11.1	Letter	11×8.5
A2	22.3×15.7	Legal	14×8.5
A1	31.5×22.3	Tabloid	17×11
A0	44.6×31.5	OrCADA	9.9×7.9
A	9.5×7.5	OrCADB	15.4×9.9
B	15×9.5	OrCADC	20.6×15.6
C	20×15	OrCADD	32.6×20.6
D	32×20	OrCADE	42.8×32.8

在 Protel 99 SE 给出的标准图纸格式中主要有公制图纸格式(A4～A0)、英制图纸格式 (A～E)、OrCAD 格式(OrCADA～OrCADE)以及其他格式(Letter、Legal)等。

2. 自定义图纸

如果需要自定义图纸尺寸，必须设置图 6-3 所示 Custom Style 栏中的各个选项。首先，应选中 Use Custom Style 复选框，以激活自定义图纸功能。

Custom Style 栏中其他各项设置的含义如下。

(1) Custom Width：设置图纸的宽度。

(2) Custom Heigh：设置图纸的高度。

(3) X Ref Region Count：设置 X 轴框参考坐标的刻度数。图 6-3 中设置为 4，就是将 X 轴 4 等分。

(4) Y Ref Region Count：设置 Y 轴框参考坐标的刻度数。图 6-3 中设置为 4，就是将 Y 轴 4 等分。

(5) Margin Width：设置图纸边框宽度。图 6-3 中设置为 20，就是将图纸的边框宽度设置为 20。

6.2.2   图纸方向

1. 设置图纸方向

在图 6-3 中，使用 Orientation(方位)下拉列表框可以选择图纸的布置方向。单击右边的 ▼ 按钮可以选择为横向(Landscape)或纵向(Portrait)格式。

2. 设置图纸标题栏

图纸标题栏是对图纸的附加说明。Protel 99 SE 提供了两种预先定义好的标题栏，分别是标准格式(Standard)和美国国家标准协会支持的格式(ANSI)，如图 6-4 和图 6-5 所示。标题栏设置应首先选中图 6-3 所示的 Title Block(标题块)左边的复选框，然后单击右边的 ▼ 按钮即可以选择标题栏格式。若未选中该复选框，则不显示标题栏。

Title		
Size A4	Number	Revision
Date: 18-Feb-2012		Sheet of
File: G:\protel99SE教材\数码管\MyDesign.ddb		Drawn By:

图 6-4   标准格式(Standard)标题栏

	Size A4	FCSM No.	DWG No.	Rev
	Scale		Sheet 0 of 0	

图 6-5   美国国家标准格式(ANSI)标题栏

Show Reference Zones 复选框用来设置图纸上索引区的显示。选中该复选框后，图纸上将显示索引区。所谓索引区是指为方便描述一个对象在原理图文档中所处的位置，在图纸的 4 个边上分配索引栅格，用不同的字母或数字来表示这些栅格，用字母和数字的组合来代表由对应的垂直和水平栅格所确定的图纸中的区域。

Show Border 复选框用来设置图纸边框线的显示。选中该复选框后，图纸中将显示边框线。若未选中，将不会显示边框线，同时索引栅格也将无法显示。

Show Template Graphics 复选框用来设置模板图形的显示。选中该复选框后，将显示模板图形；若未选中，则不会显示模板图形。

3．Template 区域

Template 区域用于设定文档模板，在该区域的 File Name 编辑框内输入模板文件的路径即可。

6.2.3 图纸颜色

图纸颜色设置包括图纸边框颜色(Border Color)和图纸底色(Sheet Color)的设置。

在图 6-3 中，Border Color 选择项用来设置边框的颜色，默认值为黑色。单击右边的颜色框，系统将弹出 Choose Color 对话框，如图 6-6 所示，可通过它来选取新的边框颜色。

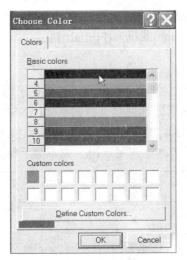

图 6-6　选择颜色对话框

Sheet Color 栏负责设置图纸的底色，默认的设置为浅黄色。要改变底色时，双击右边的颜色框，打开 Choose Color 对话框，如图 6-6 所示，然后选取出新的图纸底色。

Choose Color 对话框的 Color 标签中列出了当前可用的 239 种颜色，并定位于当前所使用的颜色。如果用户希望改变当前使用的颜色，可直接在 Basic Colors 栏或 Custom colors 栏中单击选取。

如果设计者希望自己定义颜色，单击 Define Custom Colors 按钮，弹出图 6-7 所示对话框，在右边区域选择好颜色后单击"添加到自定义颜色"按钮，再单击"确定"按钮，即可把颜色添加到 Custom Colors 中。

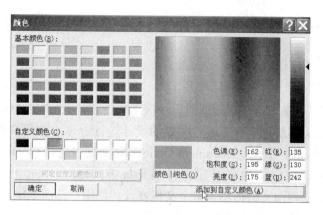

图 6-7　设计者自己定义颜色

6.3　栅格(Grids)设置

在设计原理图时，图纸上的栅格为放置元器件、连接线路等设计工作带来了极大的方便。在进行图纸的显示操作时，可以设置栅格的种类以及是否显示栅格。在图 6-3 所示的 Document Options 对话框中栅格设置条目可以对电路原理图的图纸栅格(Grids)和电气栅格(Electrical Grid)进行设置。

具体设置内容介绍如下。

(1) 捕获栅格(Snap Grid)：表示设计者在放置或者移动对象时，光标移动的距离。捕获功能的使用，可以在绘图中能快速地对准坐标位置，若要使用捕获栅格功能，先选中 Snap On 选项左边的复选框，然后在右边的输入框中输入设定值。

(2) 可视栅格(Visible Grid)：表示图纸上可视的栅格，要使栅格可见，选中 Visible 选项左边的复选框，然后在右边的输入框中输入设定值。建议在该编辑框中设置与 Snap On 编辑框中相同的值，使显示的栅格与捕捉栅格一致。若未选中该复选框则不显示栅格。

(3) 电气栅格(Electrical Grid)：用来设置在绘制图纸上的连线时捕获电气节点的半径。该选项的设置值决定系统在绘制导线(wire)时，以鼠标当前坐标位置为中心，以设定值为半径向周围搜索电气节点，然后自动将光标移动到搜索到的节点表示电气连接有效。实际设计时，为能准确快速地捕获电气节点，电气栅格应该设置得比当前捕获栅格稍微小点，否则电气对象的定位会变得相当的困难。

栅格的使用和正确设置可以使设计者在原理图的设计中准确地捕捉元器件。使用可视栅格，可以使设计者大致把握图纸上各个元素的放置位置和几何尺寸，电气栅格的使用大大地方便了电气连线的操作。在原理图设计过程中恰当地使用栅格设置，可方便电路原理图的设计，提高电路原理图绘制的速度和准确性。

6.4　其 他 设 置

6.4.1　Document Options 中的系统字体设置

在图 6-3 所示的 Document Options 对话框中，单击 Change System Font(更改系统字体)

按钮，屏幕上会出现系统字体对话框，可以对字体及其大小、颜色等进行设置。选择好字体后，单击"确定"按钮即可完成字体的重新设置。

6.4.2 图纸设计信息

图纸的设计信息记录了电路原理图的设计信息和更新记录。Protel 99 SE 的这项功能使原理图的设计者可以更方便、有效地对图纸的设计进行管理。若要打开图纸设计信息设置对话框，可以在图 6-3 所示的 Document Options 对话框中选择 Organization 标签，如图 6-8 所示。图纸标题栏中的内容可在文件信息标签(Organization 标签)中进行设置。Organization 标签为原理图文档提供了多个文档参数，供用户在图纸模板和图纸中放置。

在图 6-8 所示对话框中可以设置的选项如下。

Organization：用来填写设计者所在的公司或单位名称。

Address：用来填写设计者所在公司或单位的地址和联系信息。

Sheet：用来填写电路图的编号。其中 No.处填写的是本张电路图的编号，Total 处填写的是本设计文档中电路图的总数量。

Document：用来填写文件的其他信息。其中 Title 处填写的是本张电路图的标题，No.处填写的是本张电路图的编号，Revision 处填写的是电路图的版本号。

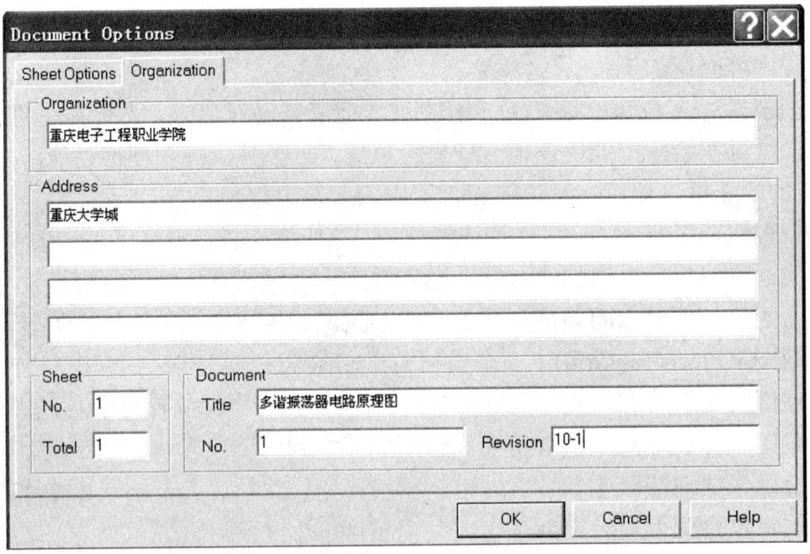

图 6-8　图纸设计信息对话框

如果完成了参数赋值后，标题栏内没有显示任何信息。如在图 6-8 中的 Title 栏处，输入了"多谐振荡器电路原理图"，而标题栏无显示。这就要注意特殊字符串内容的显示则需要作如下操作。

(1) 选择主菜单 Tools→Preferences 命令，弹出 Preferences 设置对话框，如图 6-9 所示，在 Graphical Editing 选项卡内选中 Convert Special Strings 复选框，图纸上显示所赋参数值。

(2) 执行 Place→Annotation 命令或单击 Drawing Tools(绘图工具栏)的 T 按钮，按键盘上的 Tab 键，打开 Annotation 对话框，如图 6-10 所示，可在 Properties 选项区域中的 Text

下拉列表框中选择 ".TITLE"，在 Font 处，单击 Change 按钮，弹出字体设置对话框，设置字体为 "华文彩云"，字型为 "粗体"，字号为 "四号"，单击 "确定" 按钮，字体颜色为 "13"，然后单击 OK 按钮，关闭 Annotation 对话框，在标题栏中 Title 处的适当位置，按鼠标左键即可，如图 6-11 所示。

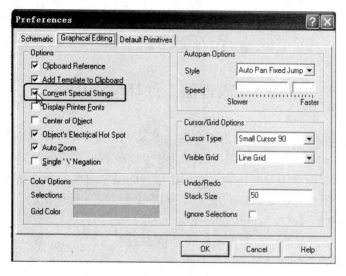

图 6-9　显示特殊字符设置对话框

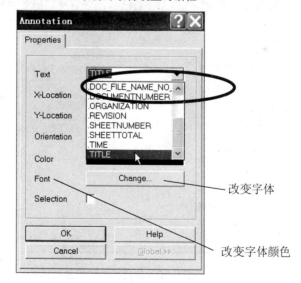

图 6-10　让设置的参数在标题栏内可见

　　(3) 继续执行 Place → Annotation 命令，分别在 Annotation 对话框的 Text 下拉列表框中选择 ".REVISION"；在 Annotation 对话框的 Text 下拉列表框中选择 ".ORGANIZATION"；在 Annotation 对话框的 Text 下拉列表框中选择 ".SHEETNUMBER"；在 Annotation 对话框的 Text 下拉列表框中选择 ".SHEETTOTAL"；设置好的标题栏如图 6-11 所示。

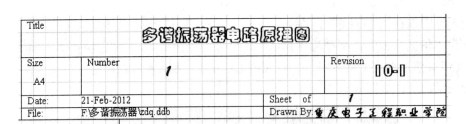

Title	多谐振荡器电路原理图		
Size A4	Number *1*		Revision |0-|
Date:	21-Feb-2012	Sheet of *1*	
File:	F:\多谐振荡器\zdq.ddb	Drawn By: 重庆电子工程职业学院	

图 6-11　设置电路图的标题栏

6.5　原理图工作环境设置

Protel 99 SE 的原理图绘制模块为用户提供了灵活的工作环境设置选项，这些选项和参数主要集中在 Preferences 对话框内 3 个选项卡中，如图 6-12 所示，通过对这些选项和参数的合理设置，可以使原理图绘制模块更能满足用户的操作习惯，有效提高绘图效率。在原理图编辑环境下，要打开图 6-12 所示的对话框可以通过以下操作完成。

(1) 在菜单中执行 Tools →Preferences 命令。

(2) 使用右键快捷菜单：在原理图编辑环境中的工作区任意位置，按鼠标右键，这时系统弹出原理图编辑的快捷菜单，选择其中 Preferences 命令。

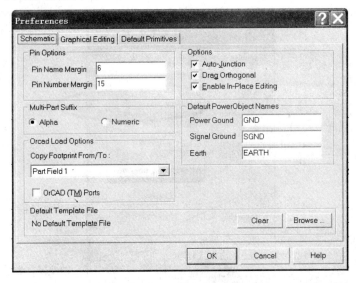

图 6-12　原理图参数设置对话框

Preferences 对话框中共有 3 个选项卡，它们分别是原理图参数选项(Schematic)、图形编辑参数选项(Graphical Editing)和默认的初始值选项(Default Primitives)等，分别用于设置原理图绘制过程中的各类功能，下面就常用的选项卡介绍如下。

6.5.1　Schematic 选项卡

Schematic 选项卡如图 6-12 所示，该选项卡主要用于原理图编辑过程中的通用项的设置，按照选项功能细分，共分为 6 个选项区域，其中各选项的功能介绍如下。

1．引脚标注边距(Pin Options)设置

Pin Name Margin：用来设置电路中元件的引脚名称在图纸上标注时相对于元件的位置；Pin Number Margin：用来设置电路中元件的引脚的序号在图纸上标注时相对于元件的位置。这个值设置的越大，引脚与之相对应的名称和标号之间的距离就越远。

2．多部件后缀方式(Multi-Part Suffix)设置

这一部分用于在放置一个元件包括多个部件时，定义每个部件序号的表示形式。选中 Alpha 单选按钮表示字母，选中 Numeric 单选按钮表示数字。

例如，对于一个元件的第二部分，一般有两种表示方法：使用英文字符顺序方式 U1:B 和使用数字顺序的表示方法 U1:2。

3．选项(Options)设置

在选项参数部分通过复选的方式设置下列参数。

(1) Auto-Junction：用于设置原理图中自动生成的电气连接点的属性。

(2) Drag Orthogonal(直角拖动)：当选中此复选框时，在绘图过程中拖动元器件或其他对象时，与之连接的导线将始终保持与屏幕坐标的正交(与拖动方向的平行或垂直)关系。若取消，拖动时导线将以任意角度保持原有的连接关系。

4．默认电源对象名称(Default Power Object Names)设置

这一部分为不同类型电源端口设置默认的网络名。这些电源的端口包括电源地、信号地和接地，它们默认的名分别为 GND、SGND、EARTH。对于这些特定的电源端口，在绘制的电路图中不显示它们的网络名。

5．默认模板文件名称(Default Template File)设置

Default Template File 区域用于设定默认的模板文件。用户可单击 Browse 按钮，打开 Select 对话框，选择模板文件。设定完成后，新建的原理图文件将自动套用设定的文件模板。该选项的默认值为 No Default Template File，表示没有设定默认模板文件。如果需要取消默认模板文档，可单击 Clear 按钮，使编辑框内的值变为 No Default Template File 即可。

6.5.2　Graphical Editing 选项卡

Graphical Editing 选项卡如图 6-13 所示，该选项卡主要对原理图编辑中的图像编辑属性进行设置，如鼠标指针类型、栅格、后退或重复操作次数等，具体介绍如下。

1．Options 区域

Options 区域用于设定原理图文档的操作属性。

(1) 剪贴板参考点(Clipboard Reference)。该复选框用于设置在剪贴板中使用的参考点，选中该项后，当用户在进行复制(Copy)和剪切(Cut)操作时，系统会要求用户设定所选择对象复制到剪贴板时的参考点。当把剪贴板中的对象粘贴到电路图上时，将以参考点为基准。如果没有选择此项，进行复制和剪切时系统不会要求指定参考点。

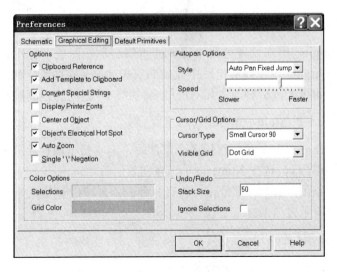

图 6-13　Graphical Editing 选项卡

(2) 将模板添加到剪贴板(Add Template to Clipboard)。该复选框用于设置剪贴板中是否包含模板内容。选中该项后，包含图形边界、标题栏和任何附加图形的当前页面模板，在使用复制或剪贴命令时，将被复制到 Windows 的剪贴板。若未选中该复选框，用户可以直接将原理图复制到 Word 文档。

(3) 转换特殊字符串(Convert Special Strings)。选中该复选框后，系统会将电路图中的特殊字符串转换成它所代表的内容，例如，Date 将会转换成显示它们实际代表的意义，这里显示的将会是系统当前的日期。若未选中，电路图中的特殊字符串将不进行转换。

(4) 对象中心(Center of Object)。该复选框用于设置对象的中心点为操作的基准点，选中该项后，当使用鼠标调整元件位置时，将以对象的中心点为操作的基准点。此时鼠标指针将自动移到元件的中心点。

(5) 对象的电气热点(Object's Electrical Hot Spot)。该复选框用于设置元件的电气热点作为操作的基准点，当选中该项后，使用鼠标调整元件位置时，以元件离鼠标指针位置最近的热点，一般是元件的引脚末端为操作的基准点。

(6) 自动放大(Auto Zoom)。选中该复选框后，当选中某元件时，系统会自动调整视图显示比例，以最佳比例显示所选择的对象。

(7) Single'\'Negation。Single'\'Negation 复选框用于设置在原理图符号编辑时，以'\'字符表示在引脚名上加线，选中该复选框后，在引脚 Name 后添加'\'符号后，引脚名上方就显示短横线。图 6-14 所示为一个 Name 项设置为"R\E\S\E\T\"的引脚在选择 Single'\'Negation复选框前后的显示效果。

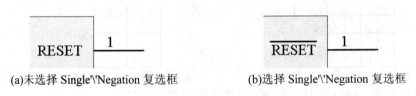

(a)未选择 Single'\'Negation 复选框　　　　(b)选择 Single'\'Negation 复选框

图 6-14　选择 Single'\'Negation 复选框前后的显示效果

2. Color Options 区域

Color Options 区域用于设定有关对象的颜色属性。

Selections 彩色条用来设定被选中对象边框的高亮显示颜色。鼠标单击 Selections 彩色条，打开 Choose Color 对话框(颜色选择对话框)。用户可以从该颜色选择对话框中选择合适颜色，然后单击 OK 按钮确定。建议选择比较鲜艳的色彩，以便与普通对象有明显区别。系统默认的色彩为亮黄色。

Grid Color 颜色条用于设置栅格的颜色，单击 Grid Color 颜色条，打开 Choose Color 对话框，选择需要显示的栅格的颜色，建议栅格的颜色不要设置得过于深，以免影响原理图的绘制。

3. Cursor/Grid Options 区域

Cursor Type 区域用于定义鼠标指针的显示类型。

Cursor Type 下拉列表用于设置对对象操作时的鼠标指针类型，其中共有 3 个选项。

(1) Large Cursor 90 项将鼠标指针设置为由水平线和垂直线组成的 90° 大鼠标指针，其中的水平线和垂直线延伸到整个原理图文档。

(2) Small Cursor 90 项将鼠标指针设置为由水平线和垂直线组成的 90° 小鼠标指针。

(3) Small Cursor 45 项将鼠标指针设置为由 45° 线组成的小鼠标指针。

这 3 种鼠标指针视图如图 6-15 所示。鼠标指针类型可根据个人习惯进行选择，系统默认 Small Cursor 90 型的鼠标指针。这些鼠标指针只有在进行编辑活动(如放置或拖动对象等)时才会显示，其他状态下鼠标指针为箭头类型 。

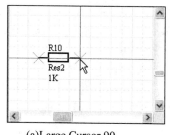 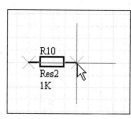 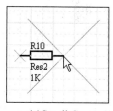

(a)Large Cursor 90　　　　　　(b)Small Cursor 90　　　　　(c)Small Cursor 45

图 6-15　3 种不同的鼠标指针视图

Visible Grid 下拉列表用于设置工作区显示的栅格的类型。Protel 99 SE 提供两种栅格类型，分别是 Line Grid 和 Dot Grid。Line Grid 由纵横交叉的直线组成；Dot Grid 由等间距排列的点阵组成，如图 6-16 所示。

 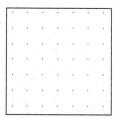

(a)Line Grid　　　　　　　　　(b)Dot Grid

图 6-16　两种栅格

4. Undo/Redo 区域

Undo/Redo 区域用于设置可撤销或重复操作的次数。

Stack Size 输入框内的数字用来设定操作存储堆栈的大小，即设定原理图编辑过程中可以撤销或重复操作的次数。可撤销或重复操作的次数仅受系统内存容量的限制，设定的次数越多，系统所需要的内存开销就越大，这样将会影响到编辑操作的速度。系统默认的堆栈深度为 50，即最多可以进行 50 步撤销或重复的操作。

6.5.3 Default Primitives 选项卡

Default Primitives 选项卡如图 6-17 所示，该选项卡用于设置各对象的默认初始参数。用户可在 Primitives Type 中的下拉列表中选择需要修改默认初始参数的对象所属的类型，系统提供了 All、Wiring、Drawing、Sheet Symbol Fields、Library Part 和 Others 等类型选项，然后从 Primitives 列表中选择具体的对象，例如，在 Primitives 列表下方的选项中选择 Arc 选项，然后单击 Edit Values 按钮，打开所选择的对象的属性对话框如图 6-18 所示，在该属性对话框中可以设置圆弧的颜色(Color)、半径(Radius)、线宽(Line Width)，以及圆弧的起始夹角(Start Angle)和终止夹角(End Angle)等参数的默认值，设置完成后单击 OK 按钮退出设置。对选中的设置对象，可以通过 Reset 按钮恢复系统的初始设置的属性参数。

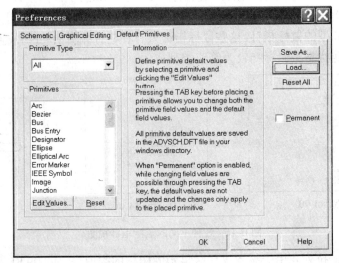

图 6-17　Default Primitives 选项卡

用户单击 Reset All 按钮，将所有对象的参数恢复到系统的初始默认值设置。

用户可以将自定义的对象的默认初始参数设置保存在其他文件中，只需要在完成自定义设置后，单击 Save As 按钮，在打开的 Save default primitive file as 对话框中设置保存自定义设置的文件名，然后单击"保存"按钮，就可以将当前的设置保存到 DFT 文件中。当需要调用 DFT 文件时，只需要单击 Load 按钮，在打开的 Open default primitive file 对话框中选择 DFT 文件，然后单击"打开"按钮即可。

在原理图工作环境设置下，有的参数没有介绍，用户可以根据自己的需要，通过"帮助"自学。方法如下：打开选项卡，单击"帮助"按钮，鼠标变成后带'？'，单击需要查看的地方，即显示帮助信息。

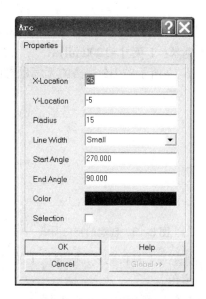

图 6-18   圆弧(Arc)属性设置对话框

6.6   原理图图纸模板设计

Protel 99 SE 提供了大量的原理图的图纸模板供用户调用,这些模板存放在 Protel 99 SE 安装目录下的 Templates 子目录里,用户可根据实际情况调用。但是针对特定的用户,这些通用的模板常常无法满足图纸需求,Protel 99 SE 提供了自定义模板的功能,本节将介绍原理图图纸模板的创建和调用方式。

6.6.1   创建原理图图纸模板

本节将通过创建一个纸型为 B5 的文档模板的实例,介绍如何自定义原理图图纸模板,以及如何调用原理图图纸参数。

先在 F 盘上新建一个文件夹,取名为 F:\protel99SE 原理图模板,用前面介绍的方法建数据库文件 MyDesign.ddb,然后按以下步骤操作。

(1) 执行菜单 File → New 命令,出现 New Document 对话框,在对话框中选中 Schematic Document 图标,单击 OK 按钮或双击该图标就可以完成新的原理图文件的创建,默认的文件名为 sheet1.Sch,将它更名为 B5_Template.Sch。

新建的原理图上显示默认的标题栏和图纸边框。

(2) 在原理图上任意位置右击,在弹出的菜单中选择 Document Options 命令,打开图 6-3 所示的 Document Options 对话框。

(3) 在 Document Options 对话框中的 Options 选项区域中取消选中 Title Block 复选框。

(4) 选择 Sheet Options 标签,选中 Custom Style 选项区域中的 Use Custom Style 复选框,然后在激活的 Custom Width 编辑框中输入 1012(257 毫米),在 Custom Height 编辑框中输入 717(182 毫米),在 X Region Count 编辑框中输入 4,在 Y Region Count 编辑框中输入 3,单击 OK 按钮。

(注：1012、717 的单位是原理图的默认单位，1 单位=10mil。英制单位与公制单位的换算：1 英寸=2.54 厘米=25.4 毫米；1 英寸=1000mil)

通过以上操作，创建了图 6-19 所示的 B5 规格的无标题栏的空白图纸。

图 6-19 创建的空白图纸

(5) 单击绘图工具栏的绘制直线工具按钮╱，按键盘上的 Tab 键，打开直线属性编辑对话框，然后设置直线的颜色为黑色。

(6) 在图纸的右下角绘制图 6-20 所示的标题栏边框。

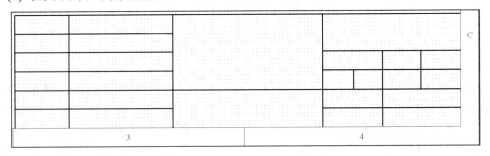

图 6-20 绘制的标题栏边框

(7) 单击绘图工具栏的放置文本按钮 **T**，按键盘上的 Tab 键，打开 Annotation 对话框，然后设置文字的颜色为黑色，字体：黑体，字形：常规，字体大小：小二，文字内容为"标题："，单击 OK 按钮。然后将文字移动到图 6-21 所示的位置。

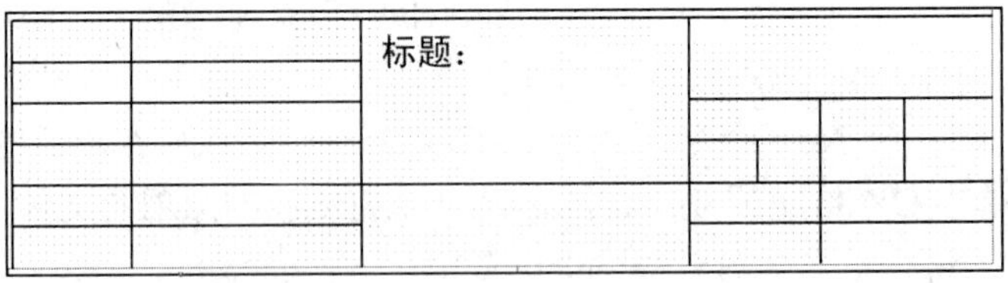

图 6-21 输入标题

(8) 再次按键盘上的 Tab 键，打开 Annotation 对话框，然后设置字体大小：四号，按照图 6-22 所示的标题栏，添加其他的文字。

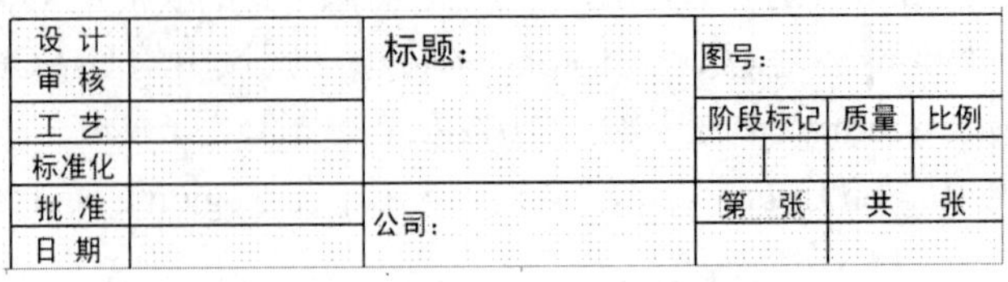

图 6-22 添加标题文字后的标题栏

(9) 单击绘图工具栏的放置文本按钮 **T**，按键盘上的 Tab 键，打开 Annotation 对话框，然后设置文字的颜色为蓝色，设置字体为四号，在 Properties 选项区域中的 Text 下拉列表框中选择.TITLE"，单击 OK 按钮，然后在标题栏中"标题："处的适当位置按鼠标左键，即把.TITLE 参数放在标题区。

(10) 按照步骤(9) 的方法，为标题栏添加图 6-23 所示的参数。

设 计		标题：	图号：.DOCUMENTNUMBER		
审 核					
工 艺		.TITLE	阶段标记	质量	比例
标准化					
批 准		公司：.ORGANIZATION	第　张	共　张	
日 期	.DATE		.SHEETNUMBER	.SHEETTOTAL	

图 6-23　添加参数后的标题栏

(11) 执行 Tools→Preferences 命令，打开 Preferences 对话框，在对话框中选择 Graphical Editing 标签，打开图 6-13 所示的 Graphical Editing 选项卡。

(12) 在 Graphical Editing 选项卡中的 Options 选项区域勾选 Convert Special Strings 复选框，然后单击 OK 按钮。

此时，标题栏上的显示图 6-24 所示。在使用该模板时，只需打开 Document Options 对话框，更新 Organization 标签中的对应参数的内容，即可更改标题栏中显示的内容。

设 计		标题：	图号：		
审 核					
工 艺			阶段标记	质量	比例
标准化					
批 准		公司：	第　张	共　张	
日 期	13-Mar-2012		0	0	

图 6-24　标题栏

(13) 单击保存按钮，保存原理图模板文件 B5_Template.Sch。

注意：日期这一栏的参数为.Date，显示的是绘图时计算机内的系统日期。

6.6.2　原理图图纸模板文件的调用

本小节将通过调用 6.6.1 小节创建的原理图图纸模板的实例，介绍模板文件的调用方法。先建数据库文件 MyDesign.ddb。

(1) 在主菜单中执行 File→New→Schematic Document 命令，新建一个空白原理图文件。在调用新的原理图图纸模板之前，首先要删除旧的原理图图纸模板。

(2) 在主菜单中执行 Design→Template→Remove Current Template 命令，打开图 6-25 所示的 Remove Template 对话框，单击 Apply to All 按钮，原理图图纸模板删除。但实际情况是原理图图纸模板没有删除(不知什么原因)。

(3) 由于原理图图纸模板没有删除，所以在此删除标题栏：在 Document Options 对话框中的 Options 选项区域中取消选中 Title Block 复选框。

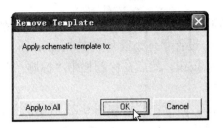

图 6-25　Remove Template 对话框

(4) 选择主菜单中的 Design→Template→Set Template File Name 命令，弹出 Select 对话框，如图 6-26 所示，单击 Add 按钮，选择 6.6.1 小节中创建的原理图图纸模板文件所在的数据库文件 MyDesign.ddb，单击"打开"按钮，回到图 6-26 所示 Select 对话框，选择 B5_Template.Sch 模板文件，单击 OK 按钮，弹出图 6-27 所示的 Set Template 对话框。

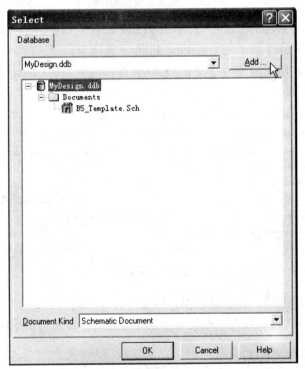

图 6-26　Select 对话框

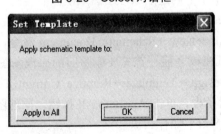

图 6-27　Set Template 对话框

(5) 在图 6-27 所示的 Set Template 对话框中，单击 Apply to All 按钮，模板文件被调出，如图 6-28 所示。

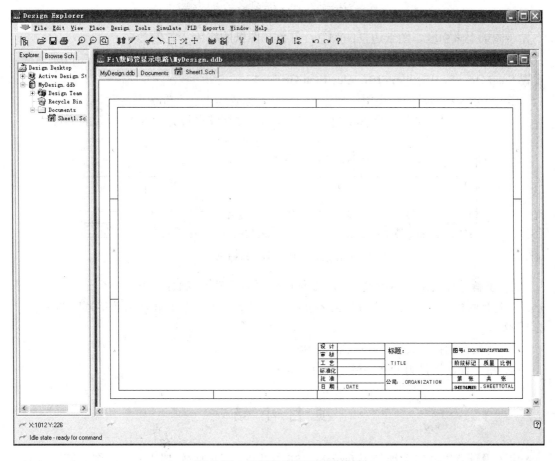

图 6-28　调用的原理图图纸模板

(6) 调用的原理图图纸模板与 6.6.1 小节建立的标题栏的格式完全相同，只是标题栏里的参数需要用户根据实际的原理图进行设置。

6.7　项　目　实　训

实训目的

(1) 认识原理图编辑的操作界面，熟练掌握主工具栏、活动工具栏的打开与关闭。

(2) 熟练掌握原理图图纸的设置，图纸的尺寸、方向、颜色。

(3) 了解捕获栅格(Snap Grid)、可视栅格(Visible Grid)、电气栅格(Electrical Grid)的含义，掌握这些栅格的设置方法。

(4) 了解原理图工作环境设置。

实训任务

(1) 认识原理图编辑的操作界面，熟练掌握命令栏、状态栏和设计管理器的打开与关闭。

(2) 熟练掌握主工具栏、活动工具栏的打开与关闭。

(3) 新建一个原理图文件，图纸的大小：A4，图纸的方向：LandScape，标题栏：ANSI，不显示图纸上索引区，图纸边框的颜色：红色，图纸的底色：黄色。

(4) 了解捕获栅格(Snap Grid)、可视栅格(Visible Grid)、电气栅格(Electrical Grid)的含义。设置 Snap On：5，Visible：10，Electrical Grid：4。

(5) 将原理图的标题栏类型选择为 Standard，标题为"功率推挽电路"，字体为"华文彩云"，字形为"粗体"，字体颜色为"223#"，文档编号设为图 6-29 所示的形式。

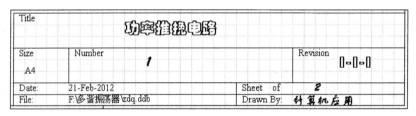

图 6-29　原理图的标题栏

(6) 了解原理图工作环境设置，将多部件后缀方式设置成 U1:2(对于一个元件的第二部分，一般有两种表示方法：使用英文字符顺序的表示方式 U1:B 和使用数字顺序的表示方法 U1:2)。

(7) 将鼠标的指针设为 Large Cursor 90。

(8) 将可视栅格设为 Dot Grid，颜色设为灰色。

项 目 小 结

为了设计者得心应手地使用 Protel 99 SE 提供的原理图编辑器进行电路图的设计，特介绍了原理图绘制的环境参数及设置方法。本项目首先介绍了原理图图纸的设置，包括图纸尺寸、图纸方向、图纸颜色、图纸标题栏的选择；介绍了栅格(Grid)的设置，包括捕获栅格(Snap Grid)、可视栅格(Visible Grid)、电气栅格(Electrical Grid)，要注意电气栅格的设置，为了能准确快速地捕获电气节点，电气栅格应该设置得比当前捕获栅格稍微小点，否则电气对象的定位会变得相当的困难；介绍了原理图工作环境设置，包括鼠标指针的设置，原理图栅格的类型(Line Grid 和 Dot Grid)和网格颜色设置，Undo/Redo 区域用于设置可撤销或重复操作的次数；最后介绍了怎样创建原理图图纸模板及原理图图纸模板的调用。

学习思考题

1. Protel 99 SE 原理图编辑器中的常用工具栏有哪些？各种工具栏的主要用途是什么？

2. 新建一个原理图图纸，图纸大小为 Letter、标题栏为 ANSI，图纸底色为浅黄色 214。

3. 在 Protel 99 SE 中提供了哪几种类型的标准图纸？能否根据用户需要定义图纸？

4. 如何将原理图可视栅格设置成 Dot Grid 或 Line Grid。

5. 如何设置光标形状为 Larger Cursor 90 或 Small Cursor 45。

6. 在原理图中如何设置撤销或重复操作的次数。

项目 7

绘制数码管显示电路原理图

↘ 教学目标

(1) 熟练掌握数码管原理图的绘制。
(2) 了解原理图对象的编辑。

↘ 教学要求

能力目标	相关知识	权重
掌握数码管原理图的绘制	调用原理图图纸模板 加载自己创建的原理图库文件 放置元器件 编辑元件符号 导线放置的模式 放置总线和总线引入线 放置网络标签 检查原理图	80%
原理图对象的编辑	对已有导线的编辑 移动和拖动原理图对象 使用复制和粘贴 标注和重新标注	20%

↘ 任务描述

本项目主要介绍数码管显示电路原理图(图 7-1) 的绘制。在该原理图中，首先调用项目 6 建立的原理图图纸模板，然后调用项目 4 建立的原理图库内的两个元件：AT89C2051 单片机、数码管。通过该电路图验证在项目 4 建立的原理图库内的两个元件的正确性，并进行新知识的介绍。本项目将涵盖以下主题。

(1) 导线的放置模式、放置总线及总线引入线。

(2) 原理图对象的编辑。

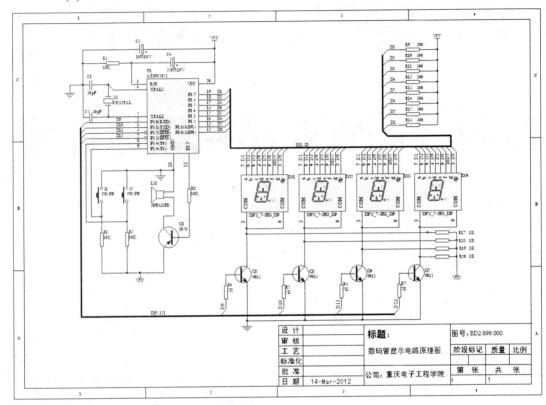

图 7-1　数码管显示电路原理图

7.1　绘制数码管原理图

7.1.1　绘制原理图首先要做的工作

首先在硬盘上建立一个"数码管显示电路"的文件夹，然后建立一个"数码管显示电路.ddb"文件并把它保存在"数码管显示电路"的文件夹下，新建一个原理图文件，原理图文件名用默认的文件名 Sheet1.Sch。

用项目 6 介绍的方法：调用原理图图纸模板。

执行 Design → Options 命令，弹出 Document Options 对话框，将 Snap On 改为 5，Electrical Grid 改为 4；选择 Organizatoin 标签，在 Organizatoin 栏输入单位名称：重庆电子工程学院；在 Document Title 栏输入：数码管显示电路原理图；在 Document No 栏输入：BD2.898.000；在 Sheet No 栏输入：1；Sheet Total 栏输入：1；单击 OK 按钮。

执行 Tools→Preferences 命令，打开 Preferences 对话框，在对话框中选择 Graphical Editing 标签，在 Graphical Editing 选项卡中的 Options 选项区域选中 Convert Special Strings 复选框，然后单击 OK 按钮。设置的图纸标题栏如图 7-2 所示。

设计		标题：	图号：BD2.898.000			
审核			阶段标记	质量	比例	
工艺		数码管显示电路原理图				
标准化						
批准		公司：重庆电子工程学院	第 张	共 张		
日期	14-Mar-2012		1	1		

图 7-2   原理图图纸标题栏

7.1.2   加载库文件

加载设计者在项目 4 建立的原理图库文件：SCHLIB.ddb。

(1) 选择 Browse Sch 标签，显示 Browse Sch 原理图库管理器，如图 7-3 所示。

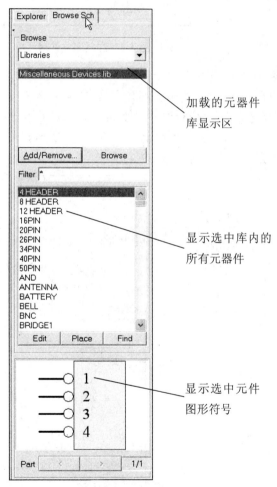

图 7-3   原理图库管理器

(2) 在原理图库管理器中单击 Add/Remove 按钮，将打开 Change Library File List 对话框，如图 7-4 所示。

图 7-4　加载库文件对话框

(3) 在图 7-4 中，在查找范围内选择在项目 4 建立的原理图库文件 SCHLIB.ddb，单击 Add 按钮，原理图库文件 SCHLIB.ddb 被添加到 Selected Files 文件夹，单击 OK 按钮。

(4) 添加的库将显示在原理图库管理器中。如果用户单击原理图库管理器中的库名，元件浏览区会显示该库下的所有元件，如图 7-5 所示。管理器中的元件过滤器可以用来在一个库内快速定位一个元件。

图 7-5　成功添加库文件

(5) 如果需要删除一个安装的库，在图 7-4 中，在 Selected Files 区域选中该库，单击 Remove 按钮即可。

7.1.3　放置元件

用项目 2 介绍的方法放置元件。表 7.1 给出了该电路中每个元件名称(Lib Ref)、元件标号(Designator)、元件标注或类别(Part Type)、元件封装名称(Footprint)和元件所在元器件库等数据。注意在放置元件的时候，一定要注意该元件的封装要与实物相符。

表 7.1　数码管显示电路中的元器件数据

Lib Ref	Designator	Part Type	Footprint	所属元器件库
AT89C2051	U1	AT89C2051	DIP-20	Schlib1.lib(新建元件库)
DPY_7-SEG_DP	DS1-DS4	DPY_7-SEG_DP	LED-10	Schlib1.lib(新建元件库)
PNP	Q1	8050	TO-92B	Miscellaneous Devices.lib
NPN	Q2-Q5	9013	TO-92B	Miscellaneous Devices.lib
CRYSTAL	Y1	12MHz	XTAL1	Miscellaneous Devices.lib
Cap	C1-C2	30P	RAD0.1	Miscellaneous Devices.lib
ELECTRO1	C3	10U/10V	RB.2/.4	Miscellaneous Devices.lib
ELECTRO1	C4	220U/10V	RB.5/1.0	Miscellaneous Devices.lib
Res2	R1-R3	10K	AXIAL0.4	Miscellaneous Devices.lib
Res2	R4-R7	5K	AXIAL0.4	Miscellaneous Devices.lib
Res2	R8	10K	AXIAL0.4	Miscellaneous Devices.lib
Res2	R9-R16	300	AXIAL0.4	Miscellaneous Devices.lib
Res2	R17-R20	1K	AXIAL0.4	Miscellaneous Devices.lib
SW-PB	S1、S2	SW-PB	SW-2	Miscellaneous Devices.lib
SPEAKER	LS1	SPEAKER	SPEAKER	Miscellaneous Devices.lib

(1) 在放置单片机 AT89C2051 时，将元件封装改为 DIP-20(该元件封装是设计者在项目 5 建的封装，以在项目 8 的 PCB 设计时验证建立元件封装的正确性)，方法如下。

在用户放置 AT89C2051 的时候，当光标上悬浮着一个 AT89C2051 符号时，按 Tab 键编辑其属性。在 Part 对话框的 Footprint 栏，输入 DIP-20，如图 7-6 所示。

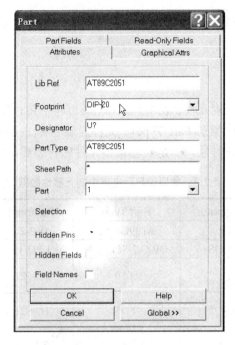

图 7-6　为选中元件选择相应的模型

(2) 在放置数码管时，用同样的方法将数码管元件封装改为 LED-10(该元件封装是设计者在项目 5 建的封装，以在项目 8 的 PCB 设计时验证建立元件封装的正确性)。

(3) 其他元件的封装按表 7-1 所示的值进行设置，用系统提供的封装库。

(4) 放置电源与地。

① 放置接地符号 ⊥。执行 Place → Power Port 命令或单击工具栏按钮 ⊥，光标上悬浮着一个接地符号，光标移到需要的地方，按 Enter 键或鼠标左键即可。

② 放置 VCC 符号 ⊤。执行 Place → Power Port 命令或单击工具栏按钮 ⊥，当光标上悬浮着一个 VCC 符号时，按 Tab 键，弹出 Power Port 对话框，如图 7-7 所示。在 Net 栏，输入 VCC，在 Style 栏选择 Bar，单击 OK 按钮，光标移到需要的地方，按 Enter 键或鼠标左键即可。

图 7-7　放置 VCC 符号

(5) 放置好元器件位置的数码管电路原理图如图 7-8 所示。

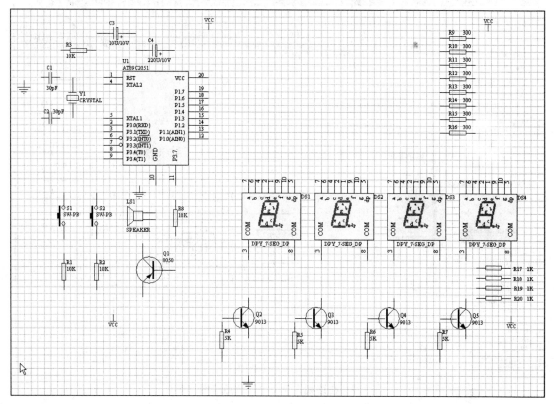

图 7-8 放好元器件的数码管电路原理图

7.1.4 编辑元件符号

如果元件放置到原理图上，设计者对某个元件符号不满意，可以对其进行修改，方法如下。

(1) 建本项目原理图的元器件符号库。在原理图内，执行菜单 Design → Make Project Library 命令，即自动产生 Sheet1.lib 本项目原理图的库文件，如图 7-9 所示。

(2) 把电阻的原理图符号，修改小一点。执行菜单 Options → Document Options 命令，弹出 Library Editor Workspace 对话框，将 Snap 栅格改为 1。在 Browse.SchLib 库管理器内，如图 7-11 所示，选择 RES2，将电阻符号改小，将右下角的坐标由(30，−13)改为(25，−13)；将右上角的坐标由(30，−7)改为(25，−7)；把右边的引脚左移 5；双击元件引脚，弹出引脚 Pin 属性对话框，如图 7-10 所示，把引脚长度由 20 改为 15。注意：引脚长度必须是 5 的倍数，因为 5 是栅格的最小单位，否则元件是不可用的。

(3) 将三极管 NPN 的符号修改小一点。

修改完后，将 Snap 栅格改为 5。

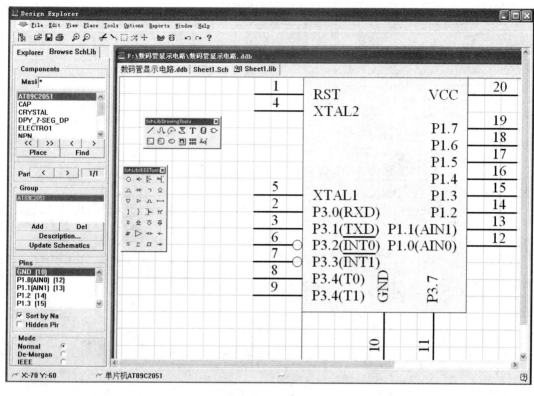

图 7-9　在该编辑窗口内修改原理图符号

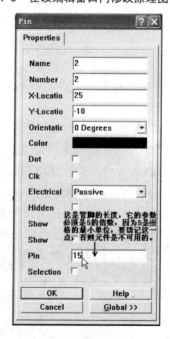

图 7-10　修改引脚长度

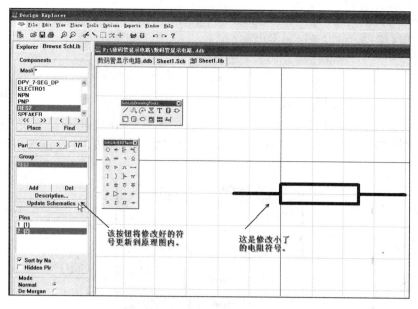

图 7-11   修改原理图的电阻符号

(4) 单击 Browse.SchLib 库管理器内的 Update Schematics 按钮，如图 7-11 所示，把改好的电阻符号、三极管符号更新到原理图内。

7.1.5   导线放置模式

导线用于连接具有电气连通关系的各个原理图引脚，表示其两端连接的两个电气接点处于同一个电气网络中。原理图中任何一根导线的两端必须分别连接引脚或其他电气符号。在原理图中添加导线的步骤如下。

(1) 在主菜单中选择 Place→Wire 命令，或者单击工具栏中的放置导线工具按钮 ≋，或者按鼠标右键，在弹出的快捷菜单中，选择 Place Wire 命令。

此时鼠标指针自动变成"十"字形，表示系统处于放置导线状态。

(2) 按键盘上的 Tab 键，打开图 7-12 所示的 Wire 对话框。

图 7-12   Wire 对话框

(3) 单击 Wire 对话框中的 Color 色彩条，可以改变导线的颜色。单击 ▾ 按钮，弹出下拉菜单可以选择导线的线宽，在本例中选 Small。设置好后单击 OK 按钮，即进入导线放置模式，具体放置方法已在前面介绍，在此不赘述。

(4) 放置导线的时候，按 Shift+Space 键可以循环切换导线放置模式。有以下多种模式可选(以下连线模式，可以通过状态栏查看)。

① 90°。

② 45°。

③ 自由角度，该模式下导线按照直线连接其两端的电气结点。

④ 自动连线，该模式是一种提供给用户完成原理图里面两点间自动连接的特殊模式，它可以自动绕过障碍物走线。在这种模式下，按 Tab 键，可打开图 7-13 所示的 Point to Point Router…对话框。

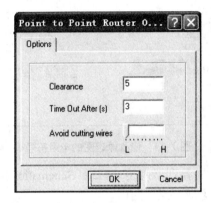

图 7-13　Point to Point Router Op…对话框

该对话框用以设置自动布线的规则，其中 Time Out After(s)编辑框用来设置自动布线的时间限制，这个时间设置得越长，系统的自动布线效果会越好，但花费的时间也就越长。系统默认值为 3s。Avoid cutting wires 滑块用于设定自动布线过程中避免与其他线交叉的要求程度，越向右则要求越高，相应布线质量也就越好，但布线速度会减慢，花费时间也增加了。

以上模式规定了放置导线的时候转角产生的不同方法。按 Space 键可以在顺时针方向和逆时针方向布线之间切换(如 90°和 45°模式)，或在自由角度和自动连线之间切换。

连接导线的原理图如图 7-1 所示。

这 4 种布线模式所生成的导线如图 7-14 所示。

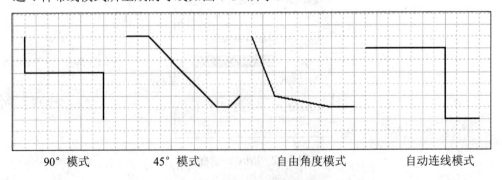

图 7-14　4 种布线模式比较

7.1.6 放置总线和总线引入线

在数字电路原理图中常会出现多条平行放置的导线，由一个元件相邻的引脚连接到另一个元件的对应相邻引脚。为降低原理图的复杂度，提高原理图的可读性，设计者可在原理图中使用总线(Bus)，总线是若干条性质相同的信号线的组合。在 Protel 99 SE 的原理图编辑器中总线和总线引入线实际上都没有实质的电气意义，仅仅是为了方便查看原理图而采取的一种示意形式。电路上依靠总线形式连接的相应点的电气关系不是由总线和总线引入线确定的，而是由在对应电气连接点上放置的网络标签"NetLab"确定的，只有网络标签相同的各个点之间才真正具备电气连接关系。

通常情况下，为与普通导线相区别，总线比一般导线粗，而且在两端有多个总线引入线和网络标记。放置总线的放置过程与导线基本相同，其具体步骤如下。

(1) 单击 Wiring 工具栏上的放置总线工具按钮 ，或者选择主菜单中的 Place→Bus 命令(快捷键：P，B)，如图 7-15 所示。

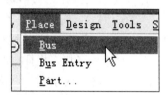

图 7-15 选择主菜单中的 Place→Bus 命令

此时鼠标指针自动变成"十"字形，表示系统处于放置导线状态。鼠标指针的具体形状与 Document Options 中的设置有关。

(2) 按键盘上的 Tab 键，打开图 7-16 所示的 Bus 对话框。

图 7-16 Bus 对话框

(3) 在 Bus 对话框中单击 Color 色彩条，打开 Choose Color 对话框。用户可在 Choose Color 对话框中设置总线的颜色，选好色彩后，单击 OK 按钮即可。

(4) 在 Bus 对话框的 Bus Width 下拉列表中选择总线的宽度。

与导线宽度的设置相同，Protel 99 SE 为用户提供了 4 种宽度的线型供选择，分别是 Smallest、Small、Medium 和 Large，默认的线宽为 Small。总线的宽度与导线宽度相匹配，即两者都采用同一设置，本例中选择线宽为 Small。如果导线宽度设置比总线宽度大的话，容易引起混淆。画总线时，总线的末端最好不要超出总线引入线。

(5) 所有与总线相关的选项都设置完毕后，单击 OK 按钮，关闭 Bus 对话框。

(6) 将鼠标指针移动到欲放置总线的起点位置 U1 的右边，按鼠标左键或 Enter 键确定总线的起点。移动鼠标指针后，会出现一条细线从所确定的端点处延伸出来，直至鼠标指针所指位置。

(7) 将鼠标指针移到总线的下一个转折点或终点处，按鼠标左键或 Enter 键添加导线上的第二个固定点，此时在端点和固定点之间的导线就绘制好了。继续移动鼠标指针，确定总线上的其他固定点，最后到达总线的终点后，先按鼠标左键或 Enter 键，确定终点，然后按鼠标右键或 Esc 键，完成这一条总线的放置。

与导线放置方式相同，Schematic Editor 也为用户提供了 4 种放置总线模式，分别是 90°、45°、自由角度及自动布线模式。通过按 Shift+Space 键可以在各种模式间循环切换。

在原理图中仅仅绘制完总线并不代表任何意思，总线无法直接连接器件，还需要为其添加总线引入线和网络标记，步骤如下。

(1) 单击工具栏中的放置总线引入线工具按钮，或者在主菜单选择 Place→Bus Entry 命令(快捷键：P，U)。

图 7-17　放置总线引入线时的鼠标指针

启动放置总线引入线命令后，鼠标指针变成"十"字状，并且自动悬浮一段与灰色水平方向夹角为 45°或 135°的导线，如图 7-17 所示，表示系统处于放置总线引入线状态。

(2) 按键盘上的 Tab 键，打开图 7-18 所示的 Bus Entry 对话框。

(3) 在 Bus Entry 对话框中单击 Color 色彩条，打开 Choose Color 对话框。在 Choose Color 对话框中选择总线引入线的颜色，选好色彩后，单击 OK 按钮即可。

(4) 在 Bus 对话框中单击 Bus Width 下拉列表右侧的▼按钮，在弹出的下拉列表中选择总线引入线的宽度规格。

与总线宽度一样，总线引入线也有 4 种宽度线型可选，分别是 Smallest、Small、Medium 和 Large，默认的线宽为 Small，建议选择与总线相同的线型。

(5) 单击 OK 按钮，完成对总线引入线属性的修改。

(6) 将鼠标指针移到将要放置总线引入线的元件引脚处，鼠标指针上出现一个黑色的小圆点标记，单击即可完成一个总线引入线的放置，如果总线引入线的角度不符合布线的要求，可以按键盘的 Space 键调整总线引入线的方向。

(7) 重复步骤(6) 的操作，在其他引脚放置总线引入线，当所有的总线引入线全部放置完毕，按鼠标右键或按 Esc 键，退出放置总线引入线的状态，此时鼠标指针恢复为箭头状态"ℝ"。

(8) 选中总线并按住鼠标移动，调整总线的位置，使其与一排总线引入线相连，绘制好的总线引入线如图 7-19 所示。

用户也可以直接使用导线 Wire 将总线与元件引脚连接起来，这样操作会相对比较麻烦，放置的引入线也不如使用总线引入线整齐美观。

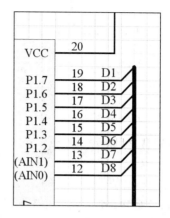

图 7-18 Bus Entry 对话框   图 7-19 绘制好的总线引入线及放置网络标签后的总线

7.1.7 放置网络标签

添加了总线引入线后，实际上并未在电路图上建立正确的引脚连接关系，此时还需要添加网络标签 Net Label，网络标签是用来为电气对象分配网络名称的一种符号。在没有实际连线的情况下，也可以用来将多个信号线连接起来。网络标签可以在图纸中连接相距较远的元件引脚，使图纸清晰整齐，避免长距离连线造成的识图不便。网络标签可以水平或者垂直放置。在原理图中，采用相同名称的网络标签标识的多个电气节点，被视为同一条电气网络上的点，等同于由一条导线将这些点都连接起来了。因此，在绘制复杂电路时，合理地使用网络标签可以使原理图看起来更加简洁明了。放置网络标签的步骤如下。

(1) 在主菜单中选择 Place→Net Label 命令(快捷键：P，N)，如图 7-20 所示，或在工具栏上选择放置网络标签工具按钮 Net1 。

启动放置网络标签命令后，鼠标指针将变成"十"字形，并在鼠标指针上悬浮着一个默认名为 Net Label 的标签。

(2) 按 Tab 键，打开图 7-21 所示的 Net Label 对话框。

(3) 单击 Color 色彩条，打开 Choose Color 对话框，在该对话框中选择网络标签的文字色彩，然后单击 OK 按钮，关闭 Choose Color 对话框。

(4) 单击 Orientation 右侧的按钮，在弹出的列表中选择网络标签的旋转角度。

(5) 在 Properties 区域的 Net 编辑框内设置网络标签的名称：D1。

(6) 单击 Properties 区域内的 Change 按钮，打开"字体"对话框，在"字体"对话框中设置网络标签的字体，然后单击"字体"对话框中的"确定"按钮，关闭"字体"对话框。

Protel 99 SE 系统中，网络标签的字母不区分大小写。在放置过程中，如果网络标签的最后一个字符为数字，则该数字在放下一个网络标签时会自动递增。

(7) 将鼠标指针移到需要放置网络标签的导线上，如 U1 元件的 19 引脚处，当鼠标指针上显示出黑色的小圆点标记时，表示鼠标指针已捕捉到该导线，按鼠标左键即可放置一个网络标签。

图 7-20　选择 Place → Net Label 命令　　　图 7-21　Net Label 对话框

　　如果需要调整网络标签的方向，按键盘的 Space 键，网络标号会逆时针方向旋转 90°。

　　(8) 将鼠标指针移到其他需要放置网络标签的位置，如 U1 元件的 18 引脚的导线上，按鼠标左键，即放置好 D2 的网络标签(D 后面的数字自动递增)，依此方法放置好网络标签 D3～D8。按鼠标右键或按 Esc 键，即可结束放置网络标签状态。

　　图 7-19 所示为一个已放置好网络标签的总线的一端。

　　(9) 用以上方法放置好数码管 DS1～DS4、电阻 R9～R16 和网络标签 D1～D8。

　特别提示

　　网络标签名称相同的表示是同一根导线。

　　(10) 为总线放置网络标签 D[1…8]。如图 7-22 所示，为放置好网络标签的电路原理图。

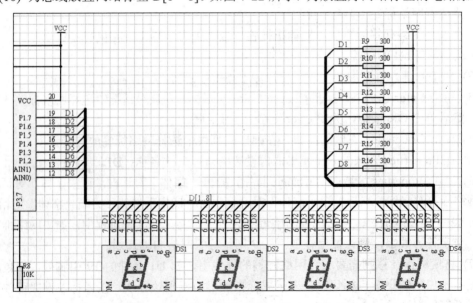

图 7-22　放置好的总线、总线引入线及网络标签

按图 7-1 所示，连接所有未连接的导线，完成的电路如图 7-23 所示。

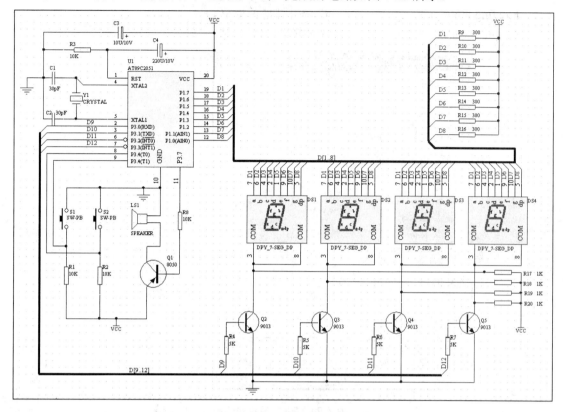

图 7-23 连线完成的数码管显示电路

7.1.8 检查原理图

1. ERC 电气规则检查

ERC 电气规则检查即 Electronic Rule Checker。在电路设计中，可能会出现一些设计疏漏和错误，如电源 VCC 与接地 GND 短路、电源 VCC 没有与电路连接等，利用 Protel 99 SE 提供的 ERC 功能来检测设计的电路，然后生成 ERC 报表，可以找出这些设计问题，并提供给设计者一个排除错误的环境。

2. ERC 检查步骤

执行菜单 Tools → ERC 命令，或者在图纸上按鼠标右键，在弹出的快捷菜单中选择 ERC 命令，系统弹出 Setup Electrical Rule Check (ERC 设置)对话框，如图 7-24 所示。对话框有两个选项卡，选中 Setup 选项卡，其中各选项的含义如下。

ERC Options 选项卡：

Multiple net names on net:	检查同一个网络上是否拥有多个网络名。
Unconnected net labels:	检查是否有未连接其他电气对象的网络标号。
Unconnected power objects:	检查是否有未连接任一电气对象的电源。
Duplicate sheet numbers:	检查项目中是否有页码相同的图纸。
Duplicate component designators:	检查是否有标号相同的元件。

Bus label format errors:　　　　　　检查总线上的网络标号是否非法。

Floating input pins:　　　　　　　　检查引脚是否悬空。

Suppress warnings:　　　　　　　　　忽略警告等级情况。

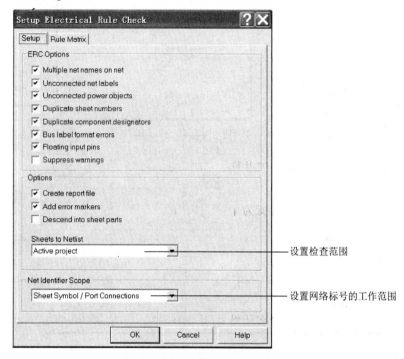

图 7-24　ERC 设置对话框

Options 选项卡：

Create report file:　　　　　　　　　列出全部 ERC 信息并产生错误报告。

Add error markers:　　　　　　　　　在原理图上有错误的位置放置错误标记。

Descend into sheet parts:　　　　　　进行 ERC 检查时进入电路原理图元件内部检查。

在 ERC 设置对话框设置完毕(一般选取默认值)后，单击 OK 按钮，进行 ERC 检查。

3. ERC 检查结果

可以输出相关的错误报告，即*.ERC 文件，主文件名与原理图相同，扩展名为.ERC。如果设计者的电路绘制正确，报告文件应该是空白的，如图 7-25 所示。

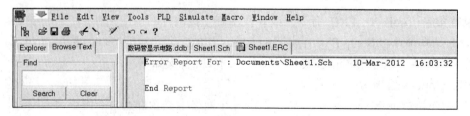

图 7-25　无错误的 ERC 报告文件

如果报告给出错误，则检查设计者的电路并纠正错误。

7.2　原理图对象的编辑

如果用户在绘制原理图的过程中，元件的位置摆放得不好，连接的导线需要移动，可以采用以下的方法对其进行编辑。

7.2.1　对已有导线的编辑

对已有导线的编辑可有多种方法：移动线端、移动一段、移动整条线或者延长导线到一个新的位置。

(1) 移动线端。要移动某一条导线的线端，应该先选中它，将光标定位在用户想要移动的那个线端，然后按下鼠标左键并拖动该线端到达一个新的位置即可。

(2) 移动一段。用户可以对线的一段进行移动。先选中该导线，并且移动光标到用户要移动的那一段上。此时光标会变为十字箭头的形状，然后按下鼠标左键并拖动该线段到达一个新的位置即可。

(3) 移动整条线。要移动整条线而不是改变它的形态，按下鼠标左键并拖动它之前请不要选中它。

(4) 延长导线到一个新的地方。已有的导线可以延长或者补画。选中导线并定位光标到用户需要移动的线端，按下鼠标左键并拖动线端到达一个新位置，在新位置单击即可。在用户移动光标到一个新位置的时候，用户可以通过按 Shift+Space 键来改变放置模式。

7.2.2　移动和拖动原理图对象

在 Protel 99 SE 中，移动一个对象就是对它进行重定位而不影响与之相连的其他对象。例如，移动一个元件不会牵动到与之连接的任何导线。另一方面，拖动一个元件则会牵动与之连接的导线，以保持连接性。

1. 移动多个对象

用户可以通过鼠标单击和拖动来移动单一的对象，或者是多个已选中的对象。特别地，当用户想要移动一些对象到另外一些已经放置的对象的上面或者后面的时候，用户也可以使用 Edit→Move 命令。

对象被移动时：①按 Space 键可以旋转它。旋转是每次 90° 的逆时针方向；②按 X 或 Y 键可以使对象分别沿 X 轴和 Y 轴翻转；③按住 Alt 键可以限制移动沿着水平和垂直轴进行。

2. 拖动对象

通过执行 Edit→Move→Drag 命令可以让用户移动任何对象，例如，元件、导线或者总线，以及所有连接线都会随着对象被拖动而移动，以保证原理图上的连接属性。当定位光标到被拖动对象上的时候，然后按鼠标左键或者按 Enter 键即可开始拖动。移动对象到所需的位置，并单击或者按 Enter 键完成放置。此后可以继续移动其他对象，或者右击、按 Esc 键退出拖动模式。

要拖动多个被选对象而保持连接性，可以使用 Edit→ Move → Drag Selection 命令。

7.2.3 使用复制和粘贴

在原理图编辑器中，用户可以在原理图文档中或者文档间复制和粘贴对象。例如，一个文档中的元件可以被复制到另一个原理图文档中。用户可以复制这些对象到 Windows 剪贴板，再粘贴到其他文档中。文本可以从 Windows 剪贴板中粘贴到原理图文本框中。

选择用户要复制的对象，通过执行 Edit→Copy(Ctrl＋C)命令和单击以设定粘贴对象时需要精确定位的那个复制参考点。

使用智能粘贴。原理图编辑器提供的智能粘贴功能允许用户在粘贴对象的时候更灵活。通过执行 Edit →Paste Array 命令来将剪贴板中的对象粘贴过来。例如，用户可以将某一元件复制 4 个，选择某一元件，按 Ctrl＋C 键，鼠标选择复制的参考点；执行 Edit →Paste Array 命令，弹出 Setup Paste Array 对话框，如图 7-26 所示。

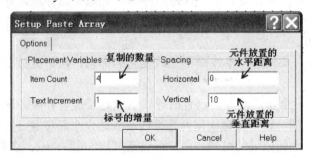

图 7-26　使用智能粘贴

在图 7-26 中，可以设置元件被复制的数量，以及元件放置时水平、垂直移动的距离，设置好后，单击 OK 按钮，到目标区域单击即可。

7.2.4 标注和重新标注

在 Protel 99 SE 中，有 3 种方法可以对设计进行标注：原理图级标注、板级标注和 PCB 标注。

原理图级标注功能允许用户针对参数来设置元件，全部重置或者重置类似对象的标识符。

在原理图编辑器中，使用 Tools → Annotate 命令来打开标注对话框，如图 7-27 所示，其中用户可以对项目中的所有或已选的部分进行重新分配，以保证它们是连续和唯一的。

在图 7-27 的 Annotate Option(标注选项)下有 4 个选项，如图 7-28 所示，每个选项的含义如下。

All Parts：对所有的元件进行标注。

? Parts：对没有标注的元件进行标注。

Reset Designators：把元件的标注清零。

Update Sheets Number Only：仅更新原理图号。

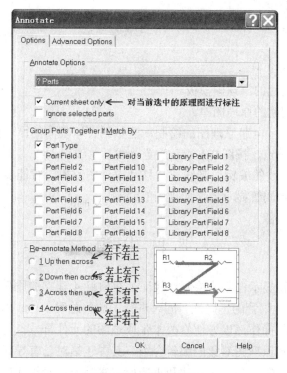

图 7-27　标注对话框

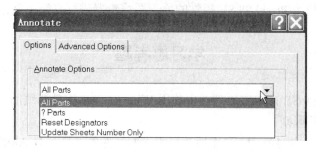

图 7-28　Annotate Option 的 4 个选项

反向标注(Tools → Back Annotate)会根据工程中 PCB 文档的重新标注来更新项目中的原理图的元器件标识符。

7.3　项 目 实 训

实训目的

(1) 熟练掌握加载库文件。

(2) 熟练掌握在本张原理图内修改原理图元器件符号。

(3) 熟练掌握总线、总线引入线的绘制。

(4) 熟练掌握对已有导线的编辑、带线一起移动原理图对象、智能复制与粘贴、标注和重新标注等功能。

实训任务

(1) 调用项目 6 创建的原理图模板。

(2) 加载项目 4 创建的原理图库。

(3) 进行数码管显示电路原理图的绘制，建数码管原理图的原理图库，将电阻、三极管的元件符号修改小一点，按图 7-1 所示放置总线、总线引入线。

(4) 练习对已有导线的编辑、带线一起移动原理图对象、智能复制与粘贴、标注和重新标注等功能，完成数码管显示电路原理图的绘制。

项 目 小 结

本项目通过数码管显示电路的绘制，验证了在项目 4 建立的原理图库内的两个元件：AT89C2051 单片机、数码管的正确性。同时进行了放置总线、总线引入线的操作；建数码管原理图的原理图库的操作，以方便修改本张原理图的元件符号；为了绘制的原理图更加清晰、美观，进行了对原理图对象的编辑介绍，其中包括对已有导线的编辑、带线一起移动原理图对象、智能复制与粘贴、标注和重新标注等功能。希望通过本项目的学习，设计者可以得心应手地使用 Protel 99 SE 提供的原理图编辑器进行复杂电路原理图的设计。

学习思考题

1. 简述 Protel 99 SE 在电路原理图中使用 Wire 与 Line 工具画线的区别，原理图中连线 (Wire) 与总线 (Bus) 的区别。

2. 在原理图的绘制过程中，怎样加载和删除库文件？怎样加载 AMD Asic.ddb 库文件，加载后再删除它？

3. 和 按钮的作用分别是什么？

4. 和 T 按钮都可以用来放置文字，它们的作用是否相同？

5. 在元器件属性中，Footprint、Designator、Part Type 分别代表什么含义？

6. 如果原理图中元器件的 Designator 编号混乱，应该怎样操作才能让 Designator 编号有序？

7. 绘制图 7-29 所示的高输入阻抗的仪器放大器电路的电路原理图。

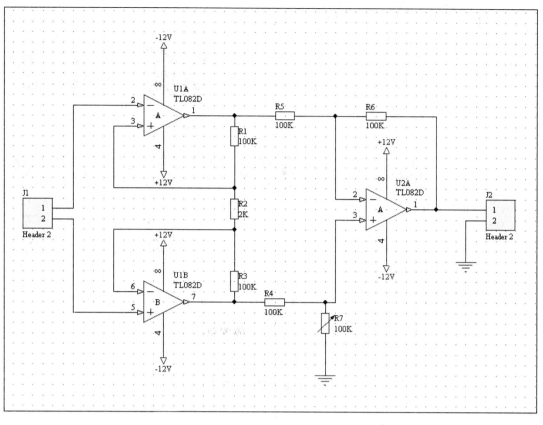

图 7-29　高输入阻抗的仪器放大器电路的电路原理图

8. 绘制图 7-30 所示的铂电阻测温电路的电路原理图。

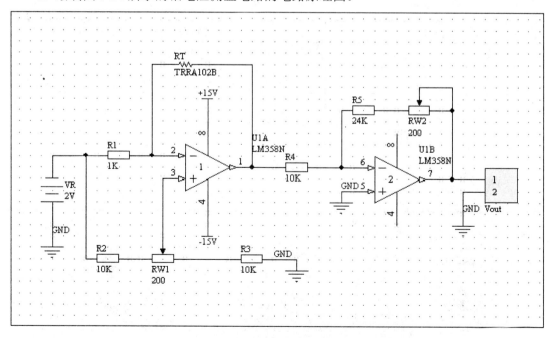

图 7-30　铂电阻测温电路的电路原理图

项目 8

PCB 板的编辑环境及参数设置

项目 8

教学目标

(1) 熟悉 Protel 99 SE 中的 PCB 设计环境。
(2) 熟悉 PCB 编辑环境设置。
(3) 熟悉 PCB 板层设置。

教学要求

能力目标	相关知识	权重
Protel 99 SE 中的 PCB 设计环境	PCB 设计界面 画面显示、窗口管理 PCB 各工具栏、状态栏、管理器的打开与关闭	25%
PCB 编辑环境设置	Options 选项卡 Display 选项卡 Colors 选项卡 Show/Hide 选项卡 Default 选项卡	40%
PCB 板层设置	PCB 板层介绍 PCB 板层设置	35%

任务描述

为了有一个良好的、得心应手的 PCB 板的编辑环境，提高 PCB 板的设计效率。本项目主要介绍 PCB 板的编辑环境及参数设置，它将涵盖以下主题。

(1) PCB 的设计环境简介。

(2) PCB 的编辑环境设置。

(3) PCB 板层介绍及设置。

8.1　Protel 99 SE 中的 PCB 设计环境

通过创建或打开 PCB 文件，即可启动 PCB 设计界面，PCB 设计界面如图 8-1 所示，与原理图设计界面类似，它由主菜单、主工具栏、工作区和设计管理器组成，设计管理器可以通过移动、固定或隐藏来适应设计者的工作环境。

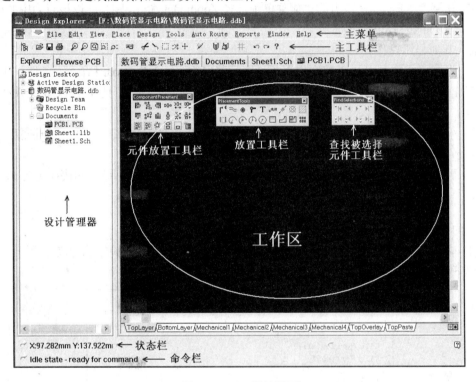

图 8-1　PCB 设计界面

PCB 编辑器的画面管理包括画面的显示、窗口管理、PCB 各工具栏、状态栏、管理器的打开与关闭。

1. 画面的显示

(1) 画面的放大。

① 单击主工具栏中的 按钮。

② 执行菜单 View → Zoom in 命令。

③ 在某点处按鼠标右键，在弹出的快捷菜单中选择 Zoom in 命令，则画面以该点为中心放大。

④ 在 PCB 浏览器中的 Browse 下拉列表中选择浏览类型，然后选中浏览对象，单击 Zoom 或 Jump 按钮，可将被选中的对象放大。

⑤ 使用 Page Up 键，将以目前鼠标所在位置为中心放大。

(2) 画面自定义区域的放大。执行菜单 View → Area 命令，光标变为"十"字形，移动光标拖出一矩形虚线框，虚线框内的区域即为将被放大的区域。

(3) 显示以光标为中心的屏幕。执行菜单 View → Around Point 命令，光标变为"十"字形，在适当位置按鼠标左键确认要放大区域的中心，移动光标将拖出一矩形虚线框，改变虚线框的大小选定需放大的区域。

(4) 画面的缩小。

① 单击主工具栏中的按钮 🔍。

② 执行菜单 View → Zoom out 命令。

③ 在某点处右击，在弹出的快捷菜单中选择 Zoom Out 命令，则画面以该点为中心缩小。

④ 使用 Page Down 键。

(5) 其他显示操作。

① 将屏幕缩放到可显示整个电路板：执行菜单 View → Fit Board 命令，可使整个电路板在工作窗口全屏显示。执行菜单 View → Fit Document 命令，可使整个 PCB 文件在工作窗口全屏显示。

② 采用上次显示比例显示：执行菜单 View → Zoom Last 命令，可使画面恢复至上一次的显示。

③ 更新画面：执行菜单 View → Refresh 命令，可刷新该画面。命令的快捷键为 End 键。

2. 窗口管理

目的：在各个窗口之间进行切换和在激活窗口内工作。

(1) 多窗口的管理。选择主菜单的 Window 命令，弹出下拉菜单，如图 8-2 所示。其下拉菜单下各菜单功能见表 8.1。

```
Window  Help
  Title                              Shift+F4
  Cascade                            Shift+F5

  Tile Horizontally
  Tile Vertically

  Arrange Icons
  Close All

✓ 0 F:\数码管显示电路\数码管显示电路.ddb - Documents\PCB1.PCB
```

图 8-2　Window 菜单

表 8.1　菜单功能

名　称	功　能
Title	平铺显示
Cascade	层叠方式显示
Title Horizontally	水平分割方式显示
Title Vertically	垂直分割方式显示
Arrange Icons	可使各个图标排列有序
Close All	一次性地关掉所有窗口

(2) 单窗口的管理。右击各窗口的标签，弹出快捷菜单，如图 8-3 所示。

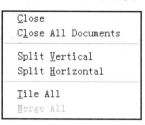

图 8-3　功能选项

Close：关闭该文件。

Split Vertical：将该文件与其他文件垂直分割显示。

Split Horizontal：将该文件与其他文件水平分割显示。

Tile All：所有窗口平铺显示。

Merge All：隐藏所有文件。

3. PCB 各工具栏、状态栏、管理器的打开与关闭

在设计 PCB 的工作中常会用到工具栏、状态栏和管理器，可根据具体情况打开所需要的工具，以便于设计工作。操作命令在 View 菜单中。

(1) 常用工具栏的打开与关闭。选择主菜单 View →Toolbars 命令，显示常用工具栏切换命令，如图 8-4 所示。Main Toolbar(主工具栏)、Placement Tools(放置工具栏)、Component Placement(放置元件工具栏)和 Find Selections(查找被选择元件工具栏)可以在这里被打开与关闭。菜单上的环境组件切换具有开关特性，例如，如果屏幕上有 Placement Tools(放置工具栏)时，当选择一次 Placement Tools 命令时，放置工具栏从屏幕上消失，当再选择一次 Placement Tools 命令时，放置工具栏又会显示在屏幕上。

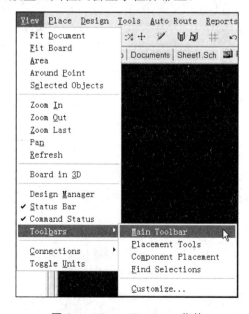

图 8-4　View→Toolbars 菜单

(2) 状态栏的打开和关闭。执行菜单 View → Status bar 命令,可打开和关闭状态栏。在状态栏中将给出当前光标的位置坐标。

(3) 命令栏的打开和关闭。执行菜单 View → Command Status 命令,可打开和关闭命令栏。在命令栏中将给出当前正在执行的命令。

(4) 管理器的打开和关闭。执行菜单 View → Design Manager 命令,可打开和关闭管理器。利用管理器中的 PCB 浏览器可以实现快速浏览 PCB、查找和定位元件等功能。

8.2　PCB 编辑环境设置

Protel 99 SE 为用户进行 PCB 编辑提供了大量的辅助功能,以方便用户的操作,同时系统允许用户对这些功能进行设置,使其更符合自己的操作习惯,本小节将介绍这些设置的方法。

启动 Protel 99 SE,在工作区打开新建的 PCB 文件,启动 PCB 设计界面。

在主菜单中选择 Tools→Preferences 命令,打开图 8-5 所示的 Preferences 对话框。

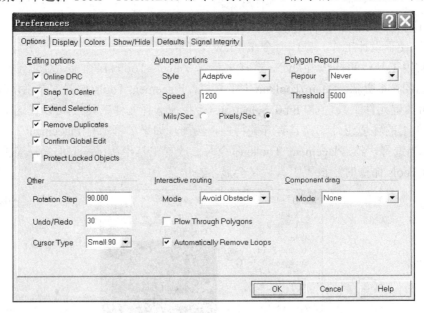

图 8-5　Preferences 对话框

在 Preferences 对话框内,有 6 个选项卡,通过这些选项卡,用户可以对 PCB 设计模块进行系统的设置,这些选项卡内常用的选项功能介绍如下。

8.2.1　Options 选项卡

Options 选项卡如图 8-5 所示,该选项卡主要用于进行 PCB 设计模块的通用设置,Options 选项卡包含 6 个选项区域,介绍如下。

(1) Editing Options 选项区域用于 PCB 编辑过程中的功能设置,共有 6 个复选框,如下所示。

Online DRC 复选框表示进行在线规则检查,一旦操作过程中出现违反设计规则,系统会显示错误警告。建议选中此项。

Snap to Center 复选框表示移动焊盘和过孔时，鼠标定位于中心。移动元件时定位于参考点，移动导线时定位于定点。

Extend Selection 复选框表示是否选择多个对象，选中该复选框后，按 Shift 键的同时，按鼠标左键可以选择多个对象，否则只能选择一个对象。

Remove Duplicates 复选框表示系统会自动移除重复的输出对象，选中该复选框后，数据在准备输出时将检查输出数据，并删除重复数据。

Confirm Global Edit 复选框表示在进行全局编辑时，如从原理图更新 PCB 图时，会弹出确认对话框，要求用户确认更改。

Protect Locked Objects 复选框表示保护已锁定的元件对象，避免用户对其误操作。

(2) Autopan Options 区域用于设定平移窗口的类型。

(3) Polygon Repour 区域用于设置多边形铺铜区域被修改后，重新铺铜时的各种参数，该区域中的 Repour 下拉列表用于选择多边形铺铜区域被修改后，重新铺铜的方式。该列表中共有 3 种选项。

Never 选项表示不启动自动重新铺铜。

Threshold 选项表示当超过某限定值自动重新铺铜。

Always 选项表示只要多边形发生变化，就自动重新铺铜。

Threshold 编辑框用于设定重新铺铜的极限值。

(4) Other 区域用于设置其他选项，该区域中的选项及其功能如下。

Rotation Step 编辑框用于输入当能旋转的元件对象悬浮于光标上时，每次按 Space 键使元件对象逆时针旋转的角度。默认旋转角度为 90°。同时按 Shift 键和 Space 键则顺时针旋转。

Undo/Redo 编辑框用于设置操作记录堆栈的大小，指定最多取消多少次和恢复多少次以前的操作。在此编辑框中输入"0"，会清空堆栈，输入数值越大，则可恢复的操作数越大，但占用系统内存也越大，用户可自行配制合适的数据。

Cursor Type 下拉列表用于设置在进行元件对象编辑时光标的类型。Protel 99 SE 提供了3 种光标类型，"Small 90"表示小"十"字形；"Large90"表示大"十"字形；"Small 45"表示"×"形。

(5) Interactive Routing 选项，该选项用于定义交互布线的属性，Mode 下的选项如下。

Ignore Obstacles 表示忽略障碍物。

Avoid Obstacles 表示避开障碍物。

Push Obstacles 表示推动障碍物。

复选框：Automatically Remove Loops 表示自动移除布线过程中出现的回路。

(6) Component Drag 区域用于设置对元件的拖动。若选择"None"，在拖动元件时只移动元件；若选择"Connected Tracks"，在拖动元件时，元件上的连接线会一起移动。

8.2.2　Display 选项卡

Display 选项卡如图 8-6 所示，该选项卡用于设置所有有关工作区显示的方式，具体功能介绍如下。

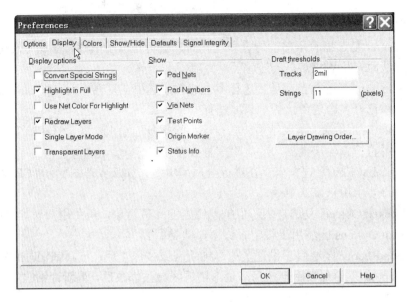

图 8-6　Display 选项卡

(1) Display Options 选项区域用于进行工作区高亮显示元件对象时的设置，其中的选项介绍如下。

Convert Special Strings 用于转换特殊字符。选中该复选框，允许显示特殊的字符以改变字符原来的意义。

Highlight in Full 复选框表示选中的对象会全部高亮显示。若未选中该复选框，所选元器件仅轮廓高亮显示。

Use Net Color For Highlight 复选框。选中该复选框后，使用网络色彩高亮显示被选中的网络，该复选框与 Highlight in Full 复选框一起使用可得到更好的效果。

Redraw Layers 复选框表示进行层操作时，重绘图层。选中该复选框后，当在层间切换时会自动重绘所有层，当前层最后重绘。

Single Layer Mode 复选框表示是否进行单层显示。选中该复选框后，单层显示 PCB 的板层，否则显示 PCB 板的所有层。

Transparent Layers 复选框表示是否使用透明层。选择该复选框，所有层上的物体稍微有点透明，所以用户能通过一个物体看到其他层上的物体。

(2) Show 选项区域用于设置 PCB 板焊盘、过孔的显示。

Pad Nets：选中该复选框，显示焊盘上的网络名。

Pad Numbers：选中该复选框，显示焊盘数。

Via Nets：选中该复选框，显示过孔上的网络名。

Test Points：选中该复选框，显示测试点。

Origin Marker：选中该复选框，显示坐标原点。

Status Info：选中该复选框，显示状态信息。

(3) Draft Thresholds 选项区域用于设置线及字符串显示模式转换阈值。

Tracks 编辑框用于在草图模式下设置工作区显示线条的模式转换宽度值，宽度值低于此设置值的线条将用单个线条显示，所有大于此宽度值的线条会以轮廓线的方式显示。

Strings 编辑框用于设置文字显示模式的转换阈值，在当前视图下，所有小于此像素点的文本将以一个轮廓框的形式表示，只有大于此阈值的文本以字符的方式显示。

(4) Layer Drawing Order 按钮用于设置层重绘的顺序，单击 Layer Drawing Order 按钮打开图 8-7 所示的 Layer Drawing Order 对话框。在对话框列表中的层的顺序就是将重绘的层的顺序，列表顶部的层就是屏幕上显示的最上部的层。

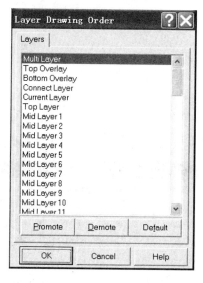

图 8-7　Layer Drawing Order 对话框

8.2.3　Colors 选项卡

为了区别各 PCB 板层，Protel 99 SE 使用不同的颜色绘制不同的 PCB 层，用户可根据喜好调整各层对象的显示颜色，Colors 选项卡如图 8-8 所示。

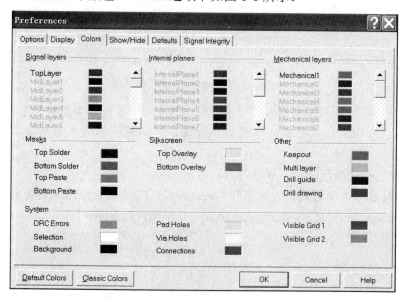

图 8-8　Colors 选项卡

单击对应的层名称 Color 列下的色彩条，打开 Choose Colors 对话框，在该对话框中设置所选择的电路板层的颜色。

在 System 区域中可设置包括可见栅格(Visible Grid)、焊盘孔(Pad Holes)、过孔(Via Holes)和 PCB 工作区等系统对象的颜色及其显示属性。

当设置完毕后单击 OK 按钮，完成 PCB 板层的设置。

特别提示

最好不要修改各层颜色，用默认的值，以免引起误会。

8.2.4　Show/Hide 选项卡

Show/Hide 选项卡如图 8-9 所示，该选项卡用于设定各类元件对象显示模式。

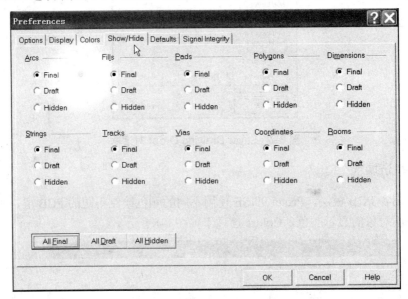

图 8-9　Show/Hide 选项卡

Final 单选按钮表示以完整型模式显示对象，其中每一个图素都是实心显示。

Draft 单选按钮表示以草稿型模式显示对象，其中每一个图素都是以草图轮廓形式显示。

Hidden 单选按钮表示隐含不显示对象。

Show/Hide 选项卡中可设置的对象有：Arcs(圆弧)、Fills(填充)、Pads(焊盘)、Polygons(多边形)、Dimensions(尺寸标注)、Strings(字符串)、Tracks(线)、Vias(过孔)、Coordinates(标尺)、Rooms(区域)等。

8.2.5　Defaults 选项卡

Defaults 选项卡如图 8-10 所示，PCB 编辑器中各种元件对象的默认值都是在该选项卡中进行配置的。

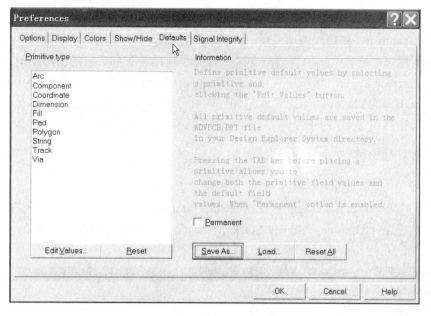

图 8-10　Defaults 选项卡

在 Primitive type 列表选择需要更改的项，单击 Edit Values 按钮，打开对应的属性对话框，在此对话框中编辑参数。

8.3　PCB 板层设置

8.3.1　PCB 板层介绍

每个设计师都有自己的设计风格，层的设定也是在 PCB 设计中非常重要的环节。在 PCB 的设计中，要接触到下面几个层。

(1) Signal Layer(信号层)：总共有 32 层。可以放置走线、文字、多边形(铺铜)等。常用的有以下两种：Top Layer(顶层)，Bottom Layer(底层)。

(2) Internal Plane(平面层)：总共有 16 层，主要作为电源层使用，也可以把其他的网络定义到该层。平面层可以任意分块，每一块可以设定一个网络。平面层是以"负片"格式显示，如有走线的地方表示没有铜皮。

(3) Mechanical Layer：机械层一般用于有关制版和装配方面的信息。

(4) Mask Layer：有顶部阻焊层(Top Solder Mask)和底部阻焊层(Bottom Solder Mask)两层，它是 Protel 99 SE 对应于电路板文件中的焊盘和过孔数据自动生成的板层，主要用于铺设阻焊漆(阻焊绿膜)。本板层采用负片输出，所以板层上显示的焊盘和过孔部分代表电路板上不铺阻焊漆的区域，也就是可以进行焊接的部分，其余部分铺设阻焊漆。

(5) Mask Layer：有顶部锡膏层(Top Past Mask)和底部锡膏层(Bottom Past mask)两层，它是过焊炉时用来对应ＳＭＤ元件焊点的，是自动生成的，也是负片形式输出。

(6) Keep-out Layer：这层主要用来定义 PCB 边界，例如，可以放置一个长方形定义边界，则信号走线不会穿越这个边界。

(7) Drill Drawing：钻孔层主要为制造电路板提供钻孔信息，该层是自动计算的。

(8) Multi-Layer：多层代表信号层，任何放置在多层上的元器件会自动添加到所在的信号层上，所以可以通过多层将焊盘或穿透式过孔快速地放置到所有的信号层上。

(9) Silkscreen Layer：丝印层有顶层丝印层(Top Overlay)和底层丝印层(Bottom Overlay)两层，主要用来绘制元件的轮廓、放置元件的标号(位号)、型号或其他文本等信息。以上信息是自动在丝印层上产生的。

8.3.2　PCB 板层设置

PCB 板层在 Layer Stack Manager 对话框中设置，设置板层的步骤如下。

(1) 在主菜单中选择 Design → Layer Stack Manager 命令，或者在工作区右击，在弹出的快捷菜单中选择 Options →Layer Stack Manager 命令，打开图 8-11 所示的 Layer Stack Manager 对话框。

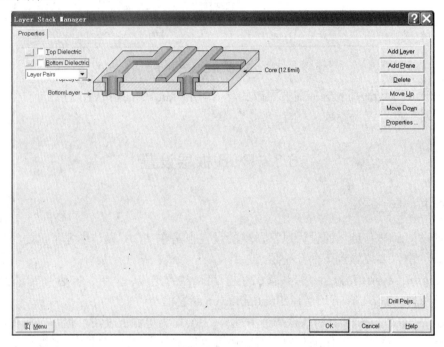

图 8-11　Layer Stack Manager 对话框

(2) 双击图 8-11 所示的 Top Layer 或 Bottom Layer，弹出 Edit Layer 对话框，如图 8-12 所示，可以在该对话框中，修改层的名字及铜箔的厚度。

图 8-12　Edit Layer 对话框

(3) 选中 Top Dielectric 和 Bottom Dielectric 复选框,表示在 PCB 板的顶层和底层添加阻焊层,如图 8-13 所示。

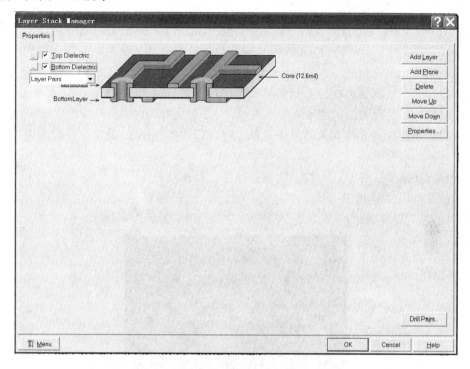

图 8-13　添加的阻焊层

(4) Layer Stack Manager 对话框中的按钮功能如下。

Add Layer 按钮用于在 PCB 板中添加信号层。

Add Plane 按钮用于在 PCB 板中添加电源平面。

Delete 按钮用于删除所选中的层。

Move Up 按钮用于往上移动所选中的层。

Move Down 按钮用于往下移动所选中的层。

Properties 按钮用于设置选择层的属性。

还可以设定层对,左下角 Menu 按钮包含了以上设置。

8.4　项 目 实 训

实训目的

(1) 熟练掌握各种工具栏的打开与关闭,设计管理器的打开与关闭,命令栏、状态栏的打开与关闭。

(2) 了解 PCB 编辑环境参数的设置。

(3) 熟悉 PCB 板各层的含义及板层的设置。

实训任务

(1) 打开 Main Toolbar(主工具栏)、Placement Tools(放置工具栏)、Component Placement(放置元件工具栏)和 Find Selection(查找被选择元件工具栏)，打开后再把各工具栏关闭。

(2) 打开命令栏、状态栏、关闭设计管理器。

(3) 将鼠标指针设置为大"十"字形光标。

(4) 设置当选择的元件对象悬浮于光标上时，每次按 Space 键使元件对象逆时针旋转 45°。

(5) 设置在拖动元件时，元件上的连接线会一起移动。

(6) 设置单层显示 PCB 板。

(7) 设置以草图(Draft)方式显示 PCB 板，如图 8-14 所示。

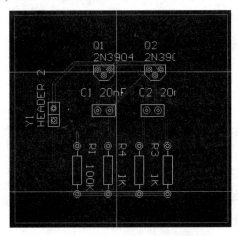

图 8-14　PCB 板的草图显示

项 目 小 结

本项目介绍了 PCB 板的编辑环境及参数设置方法。在 8.1 节介绍了各种工具栏的打开与关闭，设计管理器的打开与关闭，命令栏、状态栏的打开与关闭。在 8.2 节介绍了 PCB 编辑环境参数的设置，其中包括元件旋转角度的设置；撤销重复次数的设置；鼠标指针类型的设置；PCB 板的单层显示、选中的对象高亮显示的模式设置；是否显示焊盘网络名、焊盘数、过孔网路名、坐标原点等信息的设置；PCB 板层颜色的设置；可视栅格颜色的设置；PCB 板的显示模式设置。在 8.3 节介绍了 PCB 的板层及其设置。希望通过本项目的学习，设计者可以得心应手地使用 Protel 99 SE 提供的 PCB 编辑器进行复杂 PCB 板的设计。

学习思考题

1. Protel 99 SE PCB 编辑器中的常用工具栏有哪些？各种工具栏的主要用途是什么？

2. 在 PCB 编辑环境设置中，哪个选项卡的复选框表示进行在线规则检查时，一旦操作过程中出现违反设计规则的情况，系统会显示错误警告？

3. 在 PCB 编辑环境设置中，怎样设置才会满足以下要求：在拖动元件时只移动元件；在拖动元件时，元件上的连接线会一起移动。

4. 在 PCB 编辑环境设置中，如何设置大"十"字形光标、小"十"字形光标、小 45°"×"形的光标？

5. 在 PCB 编辑过程中，为了单层显示 PCB 的板层，该怎样操作？

项目 9

数码管显示电路的 PCB 设计

↘ 教学目标

(1) 熟练掌握使用 PCB 向导创建 PCB 文件。
(2) 熟练掌握 PCB 板布局。
(3) 熟悉 PCB 板的设计规则。
(4) 熟练掌握 PCB 板布线。
(5) 熟练掌握调整 PCB 板的布线。
(6) 熟悉验证 PCB 设计。

↘ 教学要求

能力目标	相关知识	权重
使用 PCB 向导创建 PCB 文件	用 PCB 向导创建 PCB 文件	10%
PCB 板布局	把原理图的信息导入 PCB 内 更改元件封装 元器件布局	35%
PCB 板的设计规则	Routing 选项卡 设置导线宽度 选择布线模式	25%
PCB 板布线	网络自动布线 单根布线 面积布线 元器件布线 自动布线	15%
调整 PCB 板的布线	Un-Route → All 命令 Auto Route→All 命令	10%
验证 PCB 设计	Design Rule Check 命令	5%

任务描述

在项目 7 完成了数码管显示电路的原理图绘制后，本项目完成数码管显示电路的 PCB 板设计。在该 PCB 板中，调用项目 5 建立的封装库内的 4 个元件：DIP-20(AT89C2051 单片机的封装)、LED-10(数码管的封装)、SPESKER(蜂鸣器的封装)、SW-2(开关元件的封装)。通过该 PCB 图验证建立的封装库内的 4 个元件的正确性，并进行新知识的介绍。本项目将涵盖以下主题。

(1) 使用 PCB 向导来创建 PCB 板。

(2) 设计规则介绍。

(3) 自动布线的多种方法。

(4) 删除布线的多种方法。

(5) 数码管显示电路的 PCB 板设计。

9.1　创建一个新的 PCB 文件

在本项目中，使用 PCB 向导创建 PCB 文件，它可让设计者根据行业标准选择自己创建的 PCB 板的大小。在向导的任何阶段，设计者都可以使用 Back 按钮来检查或修改以前页的内容。

要使用 PCB 向导来创建 PCB，完成以下步骤。

(1) 执行菜单 Files → New 命令，弹出 New Document 对话框，选择 Wizards 标签，在该标签内选择 Printed Circuit Board Wizard 图标，单击 OK 按钮，如图 9-1 所示。

(2) 打开 Board Wizard，设计者首先看见的是介绍页，单击 Next 按钮继续，弹出图 9-2 所示对话框。

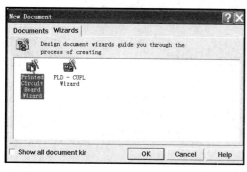
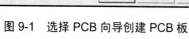

图 9-1　选择 PCB 向导创建 PCB 板

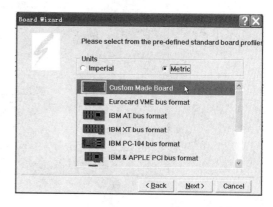

图 9-2　选择 PCB 板形状及单位

(3) 设置度量单位为公制(Metric)。注意：1 inch(英寸)=1000 mils、1 inch=2.54cm(厘米)。

(4) 选择要使用的板轮廓，在本例中设计者使用自定义的板子尺寸，从板轮廓列表中选择 Custom Made Board 命令，单击 Next 按钮，弹出图 9-3 所示对话框。

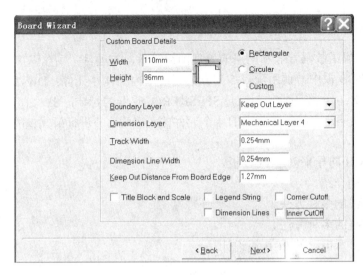

图 9-3　PCB 板形状设置

(5) 在图 9-3 中，进入了自定义板选项。在本例电路中，定义一个长 110mm，宽 96mm 的板。选中 Rectangular 单选按钮并在 Width 栏输入 110mm，Height 栏输入 96mm。取消选中 Title Block and Scale、Legend String 和 Dimension Lines 以及 Corner Cutoff 和 Inner Cutoff 复选框，如图 9-3 所示。

(6) 单击 Next 按钮继续，进入板的边框确认页面，如图 9-4 所示，如果认为板的边框值不正确，可以在此进行修改。

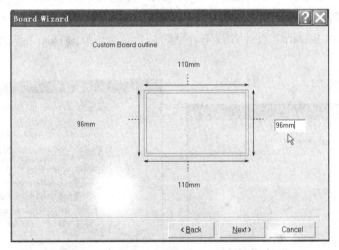

图 9-4　确认 PCB 的尺寸

(7) 在图 9-4 中，单击 Next 按钮，进入选择 PCB 板层数对话框，如图 9-5 所示，在此选中 Two Layer-Plated Through Hole 单选按钮(双层板-通孔)；Specify the number of Power/Ground planes that will be used in addition to the layers above(电源/地需要指定在另加的层吗)选项下选中 None 单选按钮。单击 Next 按钮继续。

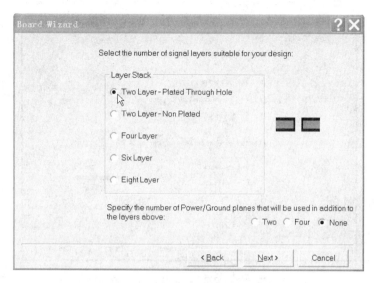

图 9-5　选择 PCB 板的层数

(8) 进入过孔(via)样式选择对话框，如图 9-6 所示，在设计中使用过孔(via)样式选中 Thruhole Vias only 单选按钮，单击 Next 按钮继续。

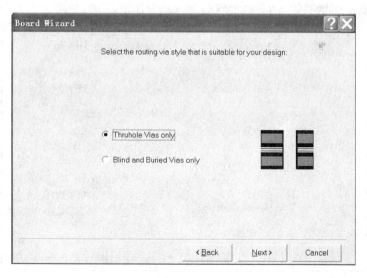

图 9-6　选择过孔(via)样式

(9) 进入图 9-7 所示对话框，允许设计者设置元件、导线的技术(布线)选项。选中 Through-hole components 单选按钮，将相邻焊盘(Pad)间的导线数设为 One Track，单击 Next 按钮继续。

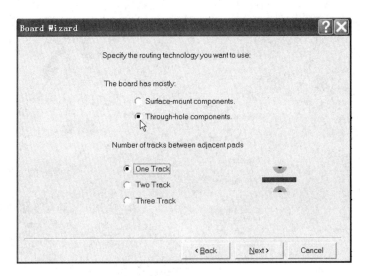

图 9-7   设置 PCB 板布线技术

(10) 进入图 9-8 所示对话框，用于设置一些设计规则，如线的宽度、焊盘的大小、焊盘孔的直径、导线之间的最小距离，在这里设为默认值，单击 Next 按钮继续。

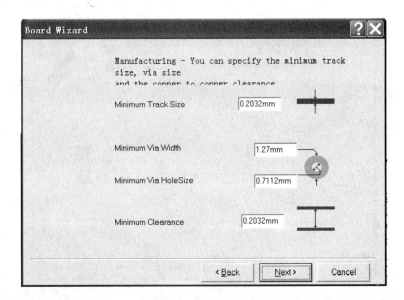

图 9-8   设置线的宽度、焊盘的大小、焊盘孔的直径、导线之间的最小距离

(11) 进入 Save the board as template 对话框，提示需要把设置的 PCB 板保存为样板吗？不选择，单击 Next 按钮继续。

(12) 进入图 9-9 所示对话框，单击 Finish 按钮。

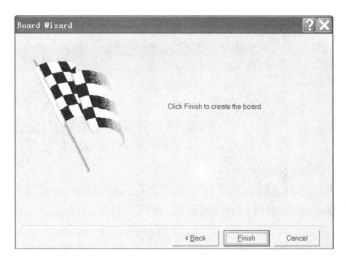

图 9-9 PCB 板完成对话框

(13) 进入图 9-10 所示对话框，PCB 向导现在收集了它需要的所有的信息来创建设计者的新板子。PCB 编辑器将显示一个名为 PCB1.PCB 的新的 PCB 文件。

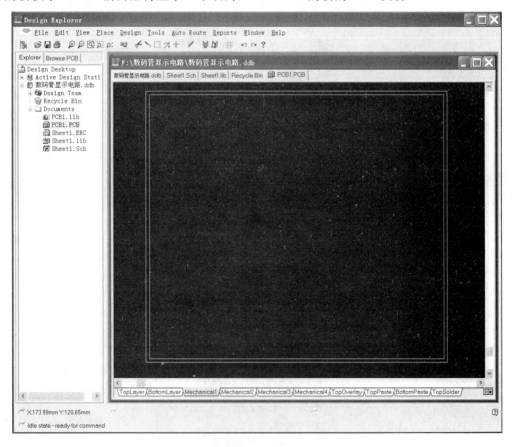

图 9-10 定义好的一个空白的 PCB 板形状

(14) 选择 File → Save As 命令来将新的 PCB 文件重命名(用.PCB 扩展名)。在此使用默认值。

9.2　PCB 板布局

9.2.1　导入元器件

(1) 在原理图编辑器下，按项目 7 的表 7.1 检查每个元器件的封装是否正确设置。

(2) 在原理图编辑器下，执行 Tools → ERC 命令，检查原理图有无错误，如有错误，改正错误，直到没有错误为止。

(3) 加载设计者在项目 5 建的元器件封装库。在设计管理器中选择 Browse PCB 标签，如图 9-11 所示，在 Browse 栏选择 Libraries 选项，从图中看出只加载了一个 PCB Foorprints.lib 封装库。单击 Add/Remove 按钮，弹出图 9-12 所示的 PCB Libraries 对话框，在查找范围选择设计者建的封装库路径，选择封装库的文件名，单击 Add 按钮，则设计者建的封装库被添加，如图 9-12 所示，单击 OK 按钮，退出该对话框。再看 Browse PCB 标签，如图 9-13 所示，就可在选择的封装库内看到该库内的所有元器件。

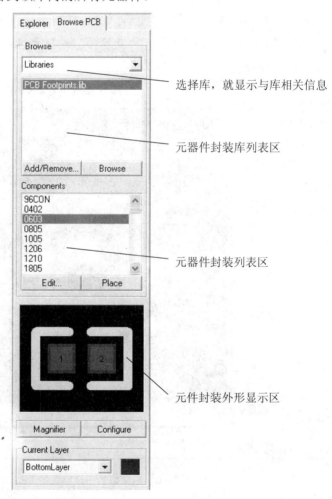

图 9-11　PCB 管理器

图 9-12　加载/删除 PCB 的封装库　　　　图 9-13　显示加载的封装库内的元器件

(4) 回到原理图编辑器，在主菜单中选择 Design → Update PCB 命令(快捷键：D，P)，打开图 9-14 所示的 Update Design 对话框。

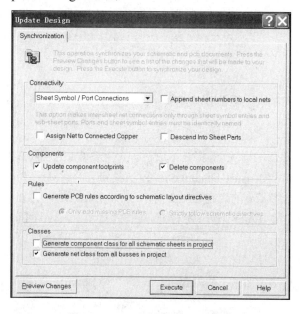

图 9-14　Update Design 对话框

(5) 在 Update Design 对话框中，取消选中 Generate component class for all schmatic sheets in project 复选框，其他选默认值，单击 Execute(执行)按钮。

(6) 进入 PCB 编辑界面，执行 View → Fit Board 命令(显示整个 PCB 板)，弹出图 9-15 所示界面，显示导入 PCB 中的所有元器件。

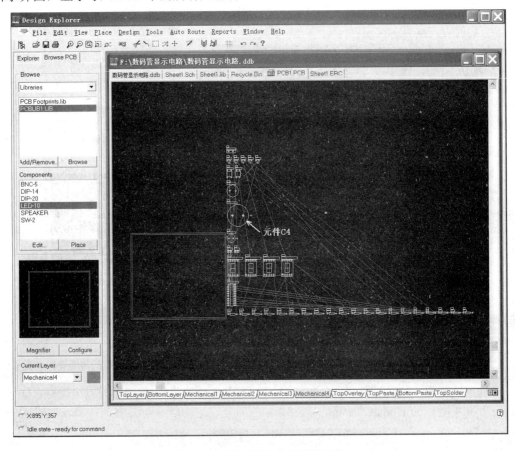

图 9-15　导入 PCB 内的所有对象

9.2.2　更改元件封装

从图 9-15 所示 PCB 板上看到：电容 C4 的封装太大。

1. 找出电容 C4 焊盘间的实际距离

(1) 在 PCB 文档激活的情况下，将光标放在一个电容 C4 的中间按 PageUp 键来放大视图。

(2) 执行 Reports → Measure Distance 命令(快捷键：R，M)，光标变成"十"字形状。

(3) 将光标放在电容 C4 的焊盘中心，单击或按 Enter 键，再将光标放在电容 C4 的另一个焊盘中心单击或按 Enter 键，将打开一个信息框，显示两个焊盘的之间的距离是 12.7mm，如图 9-16 所示。

(4) 单击"确定"按钮关闭信息框，然后右击或按 Esc 键退出测量模式。

(5) 用同样方法测得电容 C3 两焊盘间的距离为 5.08mm，如图 9-17 所示。

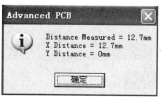

图 9-16 电容 C4 两焊盘间的距离

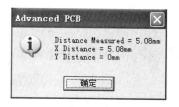

图 9-17 电容 C3 两焊盘间的距离

由此看出电容 C3、C4 与实际选用的元件差别较大，需要修改元件的封装。

2. 修改元件封装

(1) 产生该 PCB 板的库文件。执行菜单 Design → make Library 命令，产生以 PC 板名字为名、后缀是.lib 的库文件，此处产生的 PCB 板库文件是 PCB1.lib。

(2) 在设计管理器选择 Browse PCBLib 标签，可以看见该 PCB 板的所有元器件，如图 9-18 所示。

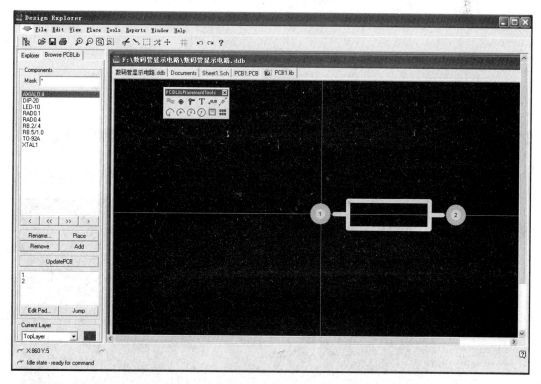

图 9-18 该 PCB 板的元器件库

(3) 选择电容 C4 的封装：RB.5/1.0，修改该封装为实际元件大小。执行菜单 View → Toggle Units 命令(快捷键：V, U)，将单位改成公制(毫米：mm)；将焊盘 2 的坐标由(-12.7mm, 0mm)移动到(-5.08mm, 0mm)。

(4) 删除原来的圆，绘制新的圆，执行菜单 Place → Arc(Center)命令(快捷键 P, A)，光标变成"十"字形状，按 Tab 键，弹出 Arc 对话框，如图 9-19 所示，将 Layer(层)选为 TopOverlay，X-Center：-5.08mm, Y- Center：0mm, Radius：5mm, Start Angle：0, End Angle：360。

单击 OK 按钮，光标移到(-2.54mm，0mm)处，连按 3 个 Enter 键即可。按鼠标右键退出圆弧放置状态。

(5) 将小"十"字向左移动即可，修改好的电容符号如图 9-20 所示。

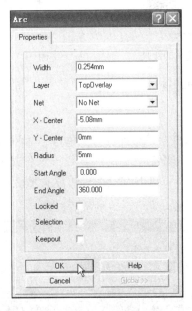

图 9-19　绘制圆的设置参数

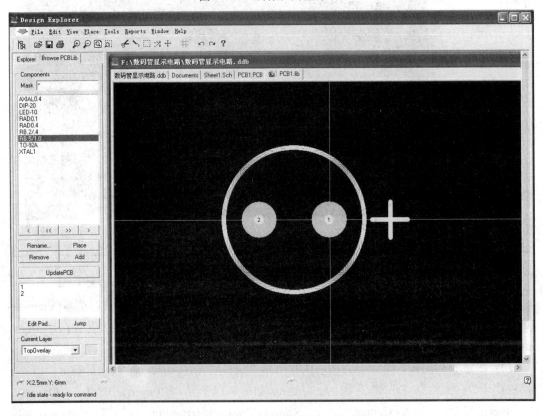

图 9-20　修改好的电容符号 RB.5/1.0

（6）修改 RB.2/.4 的封装，焊盘位置不动，将圆弧按以下尺寸修改。

上半圆弧：执行菜单 Place → Arc(Center)命令(快捷键：P，A)，按 Tab 键，弹出 Arc 对话框，如图 9-19 所示，将 Layer(层)选为 TopOverlay，X-Center：-2.54mm，Y- Center：0mm，Radius：2.5mm，Start Angle：25，　End Angle：155。

下半圆弧：将 Layer(层)选为 TopOverlay，X-Center：-2.54mm，Y- Center：0mm，Radius：2.5mm，Start Angle：205，　End Angle：335。

修改好的 RB.2/.4 的封装如图 9-21 所示。

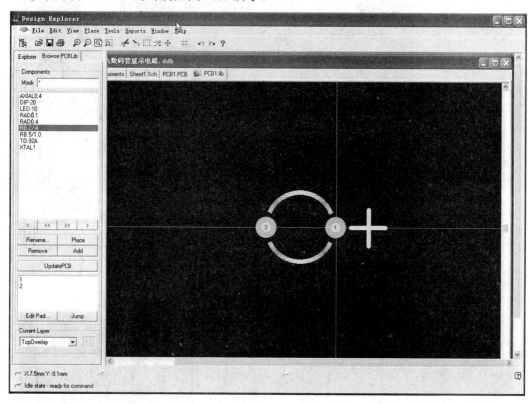

图 9-21　修改好的电容符号 RB.2/.4

（7）执行 Browse PCBLib 标签上的 UpdatePCB 命令，将库内修改了的元件封装更新到 PCB 板上。如图 9-22 所示。

9.2.3　元器件布局

Protel 99 SE 提供了自动布局功能。方法如下：选择主菜单 Tools →Auto Placement → Auto Placer 命令，弹出 Auto Place 对话框。在该对话框内可以选择 Cluster Placer 和 Statistical Placer 两种布局方式，设计者可以试试，目前这两种布局方式布局的效果不尽如人意，所以用户最好还是采用手动布局，方法如下。

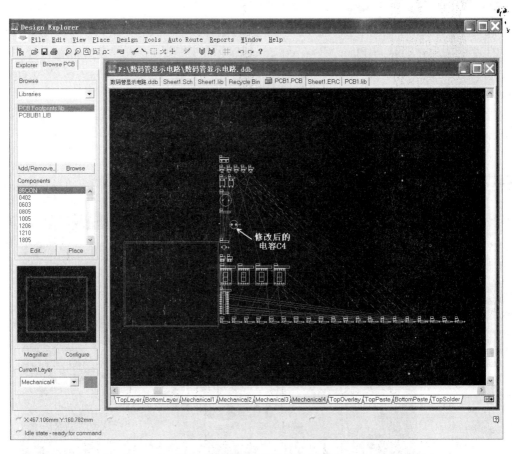

图 9-22　修改封装后的 PCB 板

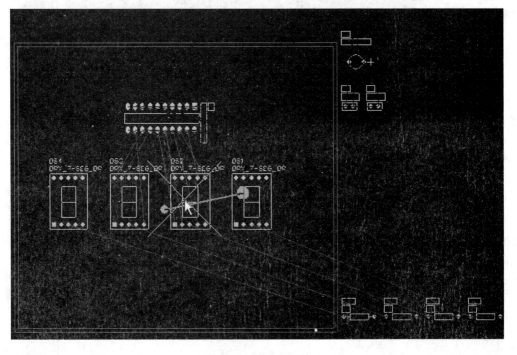

图 9-23　移动元器件

(1) 单击 PCB 图中的元器件，将其一一拖放到 PCB 板中的 Keep-Out 布线区域内。单击器件 U1 并按 Space 键将 U1 旋转 90°，将它拖动到 PCB 板中靠左上角的区域；在拖动元器件到 PCB 板中的 Keep-Out 布线区域时，可以一次拖动多个器件，如选择 4 个器件 DS1～DS4(在 DS1 器件的左下角按住鼠标左键，然后拖动至 DS4 器件的右上角)，按住鼠标左键将它拖动到 PCB 板中部用户需要的位置时放开鼠标左键，如图 9-23 所示。在导入元器件的过程中，系统自动将元器件布置到 PCB 板的顶层(Top Layer)，如果需要将元器件放置到 PCB 板的底层(Bottom Layer)按步骤(2)进行操作。

(2) 双击元件 R20，按 Tab 键，打开图 9-24 所示的 Component 对话框。在 Component 对话框中 Layer 下拉列表中选择 Bottom Layer 项，单击 OK 按钮，关闭该对话框。此时，元件 R20 连同其标志文字都被调整到 PCB 板的底层，在此设计者不这样操作，只是介绍这个方法而已，还是把元件 R20 放置在 TOP Layer(顶层)。

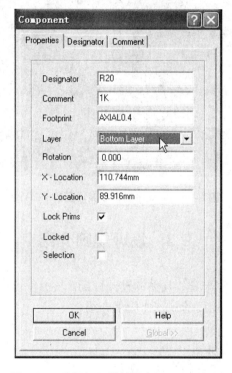

图 9-24 选择把元件放置在 Bottom(底)层

(3) 放置其他元器件到 PCB 板顶层，然后调整元器件的位置。调整元器件位置时，最好将光标设置成大光标，方法如下：按鼠标右键，弹出快捷菜单，选择 Options → Preferences 命令，弹出 Preferences 对话框，在光标类型(Cursor Type)处选择 Large 90 即可。

(4) 放置元器件时，选择相对于其他元器件连线最短，交叉最少的原则，可以按 Space 键，让元器件旋转到最佳位置，才放开鼠标左键。

(5) 如果电阻 R1、R2、R3…R7 排列不整齐，可以选中这些元件，在 Component Placement 工具栏上单击 按钮，所有元件向下对齐，再单击 按钮后，所有元件间距相等，即可把电阻布置整齐。

(6) 在放置元件的过程中，可以按 G 键设置元件的 Snap Grid 以及 Component Grid，以方便元件摆放整齐，也可以设置 PCB 板是采用公制(Metric)或英制(Imperial)单位，最好采用英制单位。布局初步完成后的 PCB 板如图 9-25 所示。

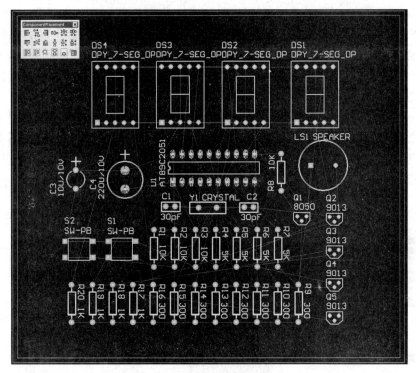

图 9-25　手动布局初步完成后的 PCB 板

9.3　设计规则介绍

Protel 99 SE 提供了内容丰富、具体的设计规则，根据设计规则的适用范围共分为如下 6 个选项卡，下面把要经常使用的规则作简单介绍。

Routing——布线规则。

Manufacturing——制造规则。

High Speed——高速电路有关的设计规则。

Placement——元器件布局设计规则。

Signal Integrity——信号完整性分析规则。

Other——其他相关的设计规则。

激活 PCB 文件，从菜单选择 Design→Rules 命令，弹出 Design Rules 对话框，如图 9-26 所示。每个标签下是规则分类 Rule Classes 列表框，列出该选项卡的设计规则，右边以图示和文本的形式显示该规则的解释和图例。最下面的列表框中列出已经定义的规则。

Add 按钮用于添加新的设计规则，Delete 按钮用于删除选定的规则，Properties 按钮用于对规则进行编辑，Close 按钮用于结束规则的设置。

双击选定的设计规则或单击 Properties 按钮，进入相应设计规则的设置界面，对规则进行设置，如图 9-27 所示。

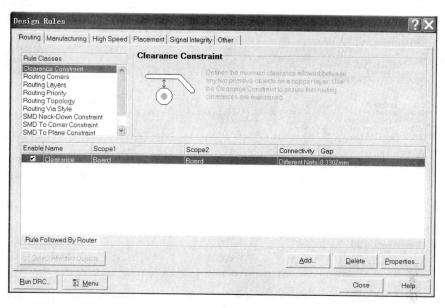

图 9-26 Design Rules 对话框

9.3.1 Routing 选项卡

1. 导线与焊盘(包括过孔)之间的最小距离

在图 9-26 所示的窗口内，双击 Rule Classes(规则类型)列表窗下的 Clearance Constraint(安全间距)规则，即可重新设定导线与焊盘及过孔之间的最小距离，如图 9-27 所示。

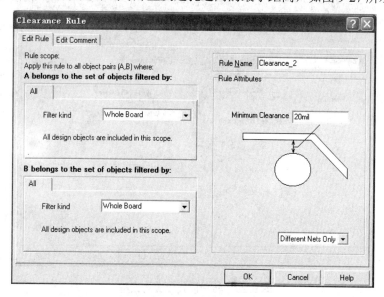

图 9-27 安全间距设置对话框

2. 选择印制导线转角模式

在如图 9-26 所示的窗口中，双击 Rule Classes 列表窗下的 Routing Corners(布线拐角)规则，即可重新设定印制导线转角模式，如图 9-28 所示。

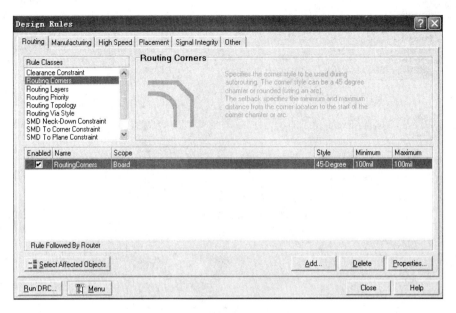

图 9-28　印制导线转角模式

从图 9-28 中可以看出：系统默认的转角模式为 45°，转角过渡斜线垂直距离为 100 mil(即 2.54 mm)，适用范围是整个电路板内的所有导线。

单击图 9-28 中的 Properties(属性)按钮，在图 9-29 所示的对话框内即可重新设置转角模式及转角过渡斜线的垂直距离。

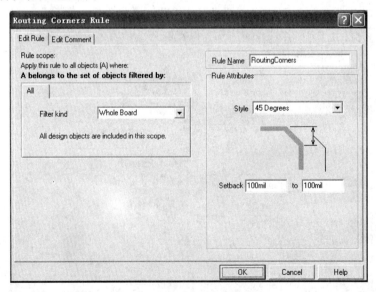

图 9-29　转角模式设置对话框

Style 下拉列表用于设置导线转角的形式，系统提供 3 种转角形式，90 Degree 项表示 90°转角方式；45 Degree 项表示 45°转角方式；Rounded 项表示圆弧转角方式。

Setback 编辑框用于设置导线的最小转角的大小，其设置随转角形式的不同而具有不同的含义。如果是 90°转角，则没有此项；如果是 45°转角，则表示转角的高度；如果是圆弧转角，则表示圆弧的半径。

to 编辑框用于设置导线最大转角的大小。

3．选择布线层及走线方向

在图 9-26 所示的窗口内，单击 Rule Classes 列表窗下的 Routing Layers(布线层)规则，即可出现图 9-30 所示的布线层选择窗口。

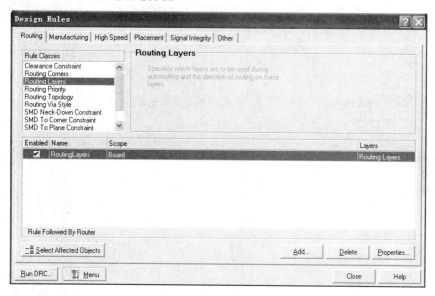

图 9-30　布线层

单击图中的 Properties 按钮，在图 9-31 所示的对话框内，选择布线层和层内印制导线的走线方向。

默认状态下，仅允许在顶层(Top Layer)和底层(Bottom Layer)布线，而中间层处于关闭状态(Not Used)。

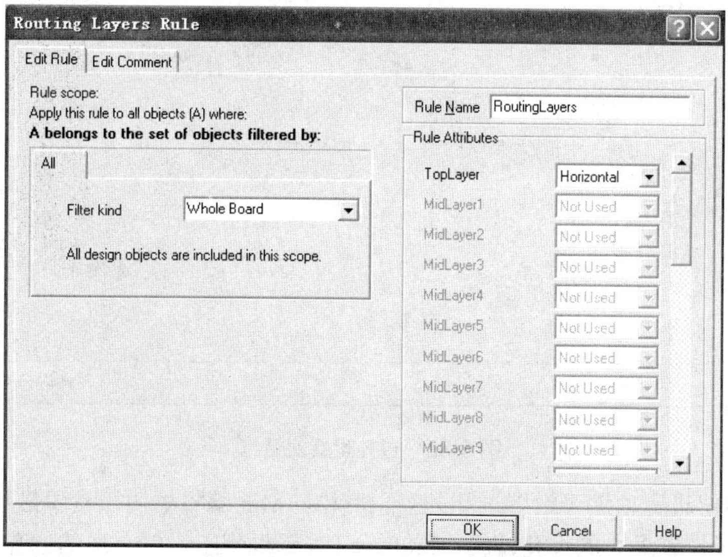

图 9-31　布线层及走线方向设置对话框

4. 过孔类型及尺寸

在图 9-26 中,单击 Rule Classes 列表窗下的 Routing Via Style(过孔类型)规则,即可出现图 9-32 所示的过孔当前状态窗口。单击图中的 Properties 按钮,在图 9-33 中即可重新选择过孔类型及尺寸。

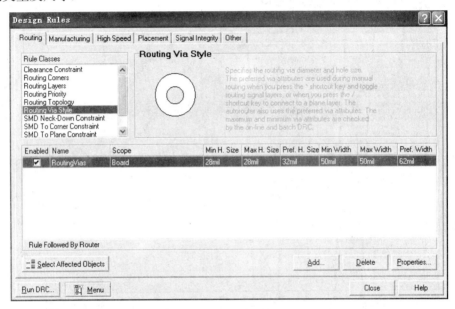

图 9-32　过孔状态设置

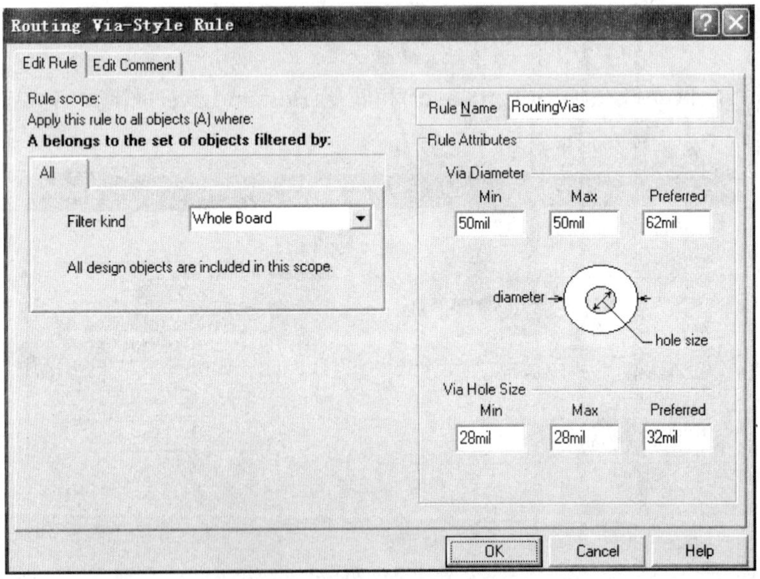

图 9-33　过孔设置对话框

Via Diameter 设置项用于设置过孔外径。其中,Min 编辑框用于设置最小的过孔外径;Max 编辑框用于设置最大的过孔外径;Preferred 编辑框用于设置首选的过孔外径。

Via Hole Size 设置项用于设置过孔中心孔的直径。其中,Min 编辑框用于设置最小的过孔中心孔的直径；Max 编辑框用于设置最大的过孔中心孔的直径；Preferred 编辑框用于设置首选的过孔中心孔的直径。

5. 设置布线宽度

在自动布线前，一般均要指定整体布线宽度及特殊网络，如电源、地线网络的布线宽度。Width Constraint 设计规则用于限定布线时的铜箔导线的宽度范围。已在项目 3 中介绍，在此不赘述。设计者将接地线(GND)的宽度设为 30mil，电源线(VCC)的宽度设为 20mil，其他线的宽度：最小值(Min Width)10mil、首选宽度(Preferred Width)15mil、最大值(Max Width)20mil，如图 9-34 所示。

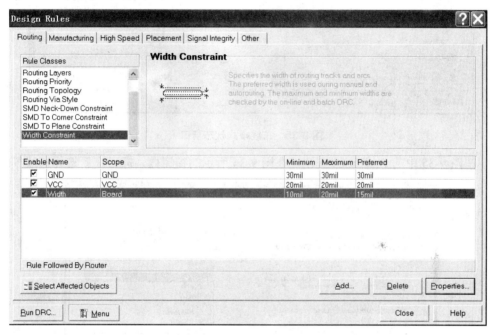

图 9-34　布线宽度状态窗口

特别提示

铜箔导线宽度的设定要依据 PCB 板的大小、元器件的多少、导线的疏密、印制板制造厂家的生产工艺等多种因素。

6. 选择布线模式

所谓布线模式，就是设置焊盘之间的连线方式。Routing Topology 设计规则用于选择布线过程中的拓扑规则。在图 9-26 中，单击 Rule Classes 列表窗下的 Routing Topology (布线拓扑模式)规则，即可出现图 9-35 所示的布线模式状态窗口。

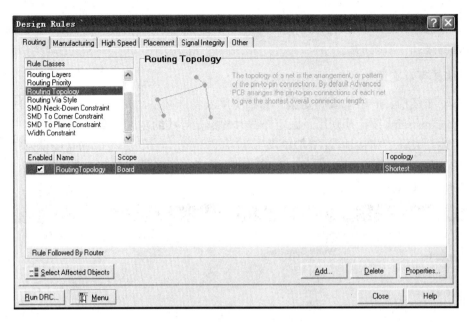

图 9-35 布线模式状态窗口

单击图 9-35 中的 Properties 按钮，在图 9-36 所示的窗口内，即可重新选择布线模式。

图 9-36 布线模式设置对话框

Rule Attributes 下拉列表用于设置拓扑规则。系统提供 7 种拓扑规则，具体意义如下。

Shortest 拓扑规则表示布线结果要求能够连通网络上的所有节点，并且使用的铜箔导线的总长度最短。

Horizontal 拓扑规则表示布线结果要求能够连通网络上的所有节点，并且使用的铜箔导线尽量处于水平方向。

Vertical 拓扑规则表示布线结果要求能够连通网络上的所有节点，并且使用的铜箔导线尽量处于竖直方向。

Daisy-Simple 拓扑规则表示在用户指定的起点和终点之间连通网络上的各个节点，并且使连线最短。如果设计者没有指定起点和终点，此规则和 Shortest 拓扑规则的结果是相同的。

Daisy Mid-Driven 拓扑规则表示以指定的起点为中心向两边的终点连通网络上的各个节点，起点两边的中间节点数目要相同，并且使连线最短。如果设计者没有指定起点和两个终点，系统将采用 Daisy-Simple 拓扑规则。

Daisy-Balanced 拓扑规则表示将中间节点数平均分配成组，组的数目和终点数目相同，一个中间节点组和一个终点组连接，所有的组都连接在同一个起点上，起点间用串联的方法连接，并且使连线最短。如果设计者没有指定起点和终点，系统将采用 Daisy-Simple 拓扑规则。

Star Burst 拓扑规则表示网络中的每个节点都直接和起点相连接，如果设计者指定了终点，那么终点不直接和起点连接。如果没有指定起点，那么系统将试着轮流以每个节点作为起点去连接其他各个节点，找出连线最短的一组连接作为网络的拓扑。

以上各选项的示意图如图 9-37 所示。

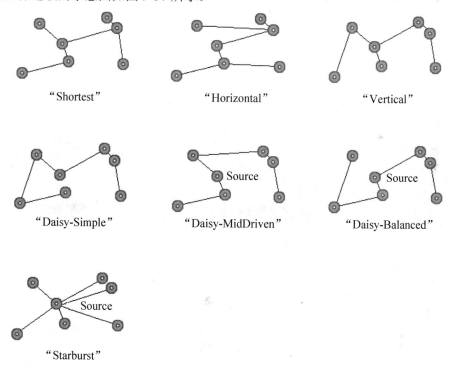

图 9-37　各拓扑规则示意图

7. 确定网络节点布线优先权

在电路系统中，某些网络的布线有特殊要求，如输入、输出信号线尽可能短，电源线、地线也尽可能短，布线时对有特殊要求的网络可优先布线。Protel 99 提供了 0～100 级布线优先权(0 最低，100 最高)设置，即可以定义 100 个网络的布线顺序。

在图 9-26 中，单击 Rule Classes 表窗下的 Routing Priority (布线优先权)规则，即可出现图 9-38 所示的布线优先权状态窗口。

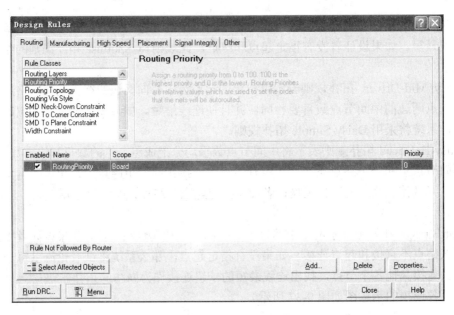

图 9-38　布线优先权状态窗口

单击图 9-38 中的 Properties 按钮，即可重新选择布线优先权。

8.　SMD(Surface Mounted Devices 的缩写，意为表面贴装器件)类规则

其主要设置 SMD 器件引脚与布线之间的规则，共分为 3 个规则。

(1) SMD Neck-Down Constraint 设计规则，在图 9-26 中，单击 Rule Classes 列表下的
SMD Neck-Down Constraint 规则，即可出现图 9-39 所示的 SMD 器件焊盘宽度与导线宽度
的比例设置窗口。单击图 9-39 中的 Properties 按钮，即可重新设置 SMD 引出导线宽度与
SMD 器件焊盘宽度之间的比值关系。

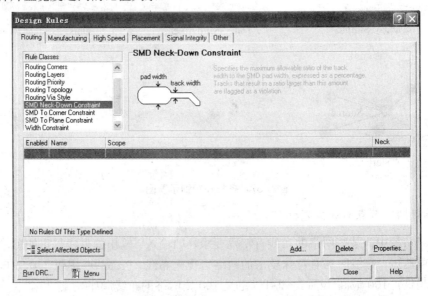

图 9-39　设置 SMD 引出导线宽度与 SMD 器件焊盘宽度之间的比值

(2) SMD TO Corner Constraint 设计规则。在图 9-26 中，单击 Rule Classes 列表下的 SMD

TO Corner Constraint 规则，即可出现图 9-40 所示的设置 SMD 器件焊盘与导线拐角之间的最小距离窗口。单击图 9-40 中的 Properties 按钮，即可重新设置 SMD 器件焊盘与导线拐角之间的最小距离。

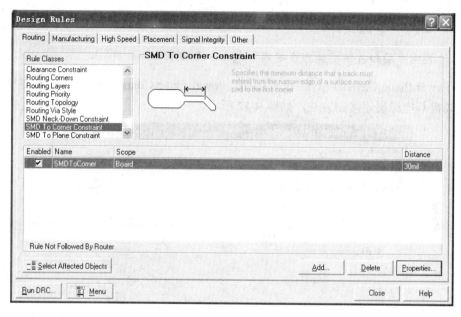

图 9-40　设置 SMD 器件焊盘与导线拐角之间的最小距离

Distance 编辑框用于设置 SMD 与导线拐角处的距离。

(3) SMD TO Plane Constraint 设计规则。在图 9-26 中，单击 Rule Classes 列表下的 SMD TO Plane Constraint 规则，即可出现图 9-41 所示的设置 SMD 与电源层的焊盘或导孔之间的距离。单击图 9-41 中的 Properties 按钮，即可重新设置 SMD 与电源层的焊盘或导孔之间的距离。其 Constraints 区域仅有一个 Distance 选项，在该项中设置距离参数即可。

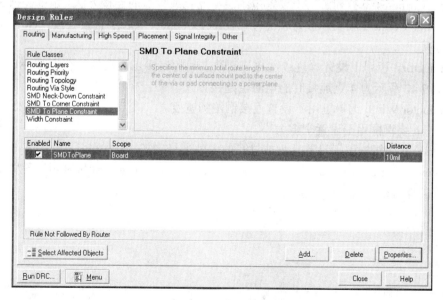

图 9-41　设置 SMD 与电源层的焊盘或导孔之间的距离

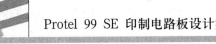
设置的布线规则越严格，限制条件越多，自动布线时间就越长，布通率就越低。

根据需要还可以进入制造规则、高速驱动、放置和其他标签，设置有关布线参数，下面再简要介绍其中一些较重要的布线规则含义及设置依据。

9.3.2 Manufacturing 选项卡

1. 设置电源层和敷铜层的布线规则，包含 3 个规则

(1) Power Plane Connect Style 设计规则。Power Plane Connect Style 设计规则用于设置过孔或焊盘与电源层连接的方法，如图 9-42 所示。

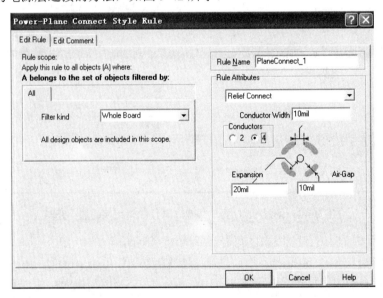

图 9-42 设置过孔或焊盘与电源层连接的方法

Rule Attributes 下拉列表用于设置电源层与过孔或焊盘的连接方法。系统提供 3 种方法选择，Relief Connect 项表示放射状连接，Direct Connect 项表示直接连接，No Connect 项表示不连接。

Conductors 栏用于设置焊盘或过孔与铜箔之间的连接点的数量，有"2"和"4"两种设置。图 9-42 所示为 4 点连接时的电源层连接方式。

Conductor Width 编辑框用于设置连接铜箔的宽度。

Air-Gap 编辑框用于设置空隙大小。

Expansion 编辑框用于设置焊盘或过孔的内外半径之差。

(2) Power Plane Clearance 设计规则。Power Plane Clearance 设计规则用于设置电源板层与穿过它的焊盘或过孔间的安全距离，如图 9-43 所示。

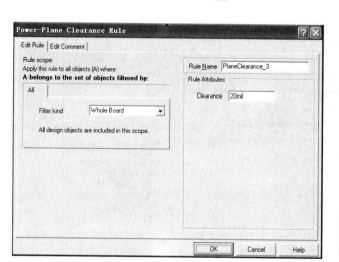

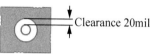

图 9-43　设置电源板层与穿过它的焊盘或过孔间的安全距离

Clearance 表示穿过电源层的焊盘或过孔与电源层上的预留空间之间的最小距离。

(3) Polygon Connect Style 设计规则。Polygon Connect Style 设计规则用于设置多边形敷铜与焊盘之间的连接方法，如图 9-44 所示。单击图 9-44 中的 Properties 按钮，弹出图 9-45 所示对话框。

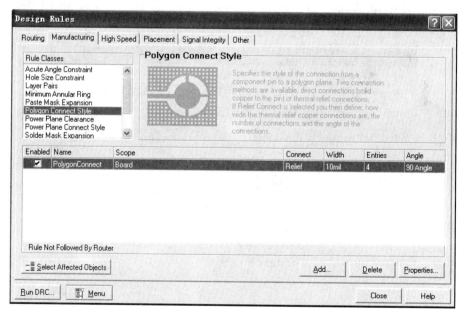

图 9-44　设置多边形敷铜与焊盘之间的连接方法

Rule Attributes 下拉列表用于设置敷铜层与焊盘的连接方法。Relief Connect 项表示放射状连接；Direct Connect 项表示直接连接；No Connect 项表示不连接。

Connectors 栏用于设置敷铜与焊盘之间的连接点的数量，有"2"和"4"两种设置。

Conductor Width 编辑框用于设置连接铜箔的宽度。

连接角度下拉列表用于设置在放射状连接时敷铜与焊盘的连接角度，有"90Angle"连接和"45Angle"连接两种连接形式。

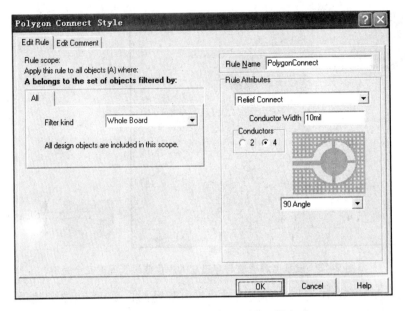

图 9-45　设置敷铜与焊盘之间的连接方法

2. Manufacturing 选项卡中主要设置与电路板制造有关的项，有 4 个规则

(1) Minimum Annular Ring 设计规则。Minimum Annular Ring 设计规则用于设置最小环宽，即焊盘或过孔与其通孔之间的直径之差，如图 9-46 所示。

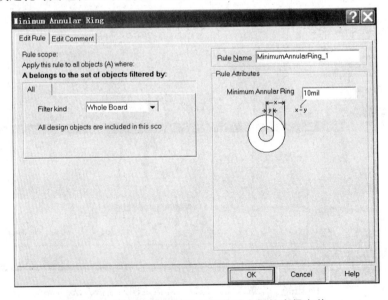

图 9-46　设置焊盘或过孔与其通孔之间的直径之差

Minimum Annular Ring 编辑框设置最小环宽，该参数的设置应参考数控钻孔设备的加工误差，以避免电路中的环状焊盘或过孔在加工时出现缺口。

(2) Acute Angle Constraint 设计规则。Acute Angle Constraint 设计规则用于设置具有电气特性的导线与导线之间的最小夹角，如图 9-47 所示。建议该设计规则中的最小夹角设置应该大于 90°，避免在蚀刻加工后，导线夹角处残留药物，导致过度蚀刻。

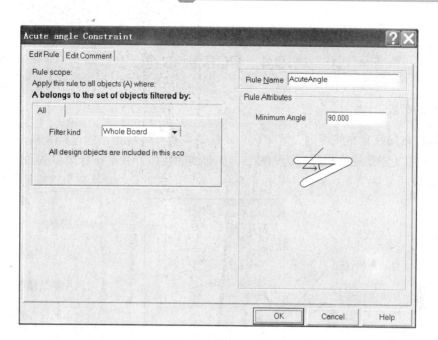

图 9-47 设置具有电气特性的导线与导线之间的最小夹角

在 Minimum Angle 编辑框设置最小夹角。

(3) Hole Size Constraint 设计规则。Hole Size Constraint 设计规则用于孔径尺寸设置，如图 9-48 所示。

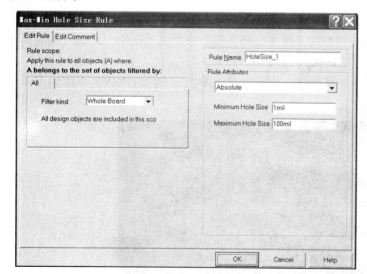

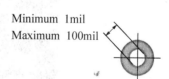

图 9-48 设置孔径尺寸

Rule Attributes 下拉列表用于设置尺寸表示的形式，共有两种方式可供选择，其中，Absolute 项表示以绝对尺寸设置约束尺寸，Percent 项表示使用百分比的方式设置约束尺寸。

Minimum 编辑框用于设置最小孔径尺寸。

Maximum 编辑框用于设置最大孔径尺寸。

9.4　PCB 板布线

9.4.1　自动布线

元器件布局好且布线规则设置完成后，接下来要按飞线指示的连接关系，用铜箔导线将元器件连接起来，这个过程称为布线。自动布线的操作方式是执行菜单 Auto Route 命令，出现图 9-49 所示的菜单。菜单中列出了各种与布线有关的命令，各命令功能见图标注说明。

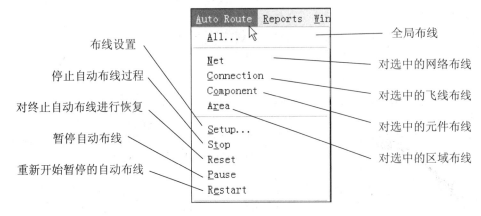

图 9-49　Auto Route 菜单下的各种命令

(1) 网络自动布线。在主菜单中执行 Auto Route→Net 命令，光标变成十字准线，选中需要布线的网络即完成所选网络的布线，继续选择需要布线的其他网络，即完成相应网络的布线，按鼠标右键或 Esc 键退出该模式。

可以先布电源线地线，然后布其他线。先布电源线 VCC、地线 GND 的电路如图 9-50 所示。

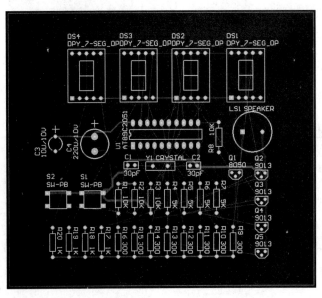

图 9-50　布电源线(VCC)、地线(GND)的 PCB 板

　　(2) 单根布线。在主菜单中执行 Auto Route→Connection 命令，光标变成十字准线，选中某根线，即对选中的连线进行自动布线；继续选择下一根线，则对选中的线自动布线，要退出该模式，按鼠标右键或 Esc 键。它与 Net 的区别是：一个是单根线；另一个是多根线。

　　(3) 面积布线。执行 Auto Route→Area 命令，则对选中的面积进行自动布线。

　　(4) 元器件布线。执行 Auto Route→Component 命令，光标变成十字准线，选中某个元件，即对该元件引脚上所有连线自动布线；继续选择下一个元件，即对选中的元件自动布线，要退出该模式，按鼠标右键或 Esc 键。

　　(5) 自动布线。在主菜单中选择 Auto Route→All 命令，打开图 9-51 所示的 Autorouter Setup(自动布线设置)对话框。

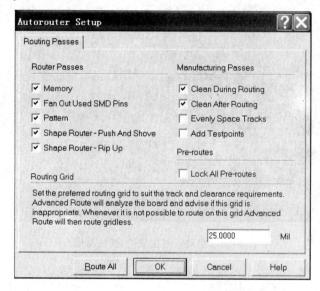

图 9-51　Autorouter Setup 对话框

　　在 Autorouter Setup 对话框中，一般保持默认值，单击 Route All 按钮，系统开始对整个印制电路板进行自动布线，自动布线结束后，系统弹出图 9-52 所示的信息对话框，显示布线过程中的信息，如布通率、完成布线的条数、没有完成布线的条数和布线所用的时间。

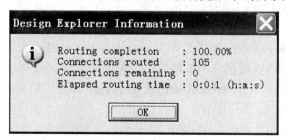

图 9-52　布线完成信息对话框

　　完成自动布线后的 PCB 板图如图 9-53 所示。

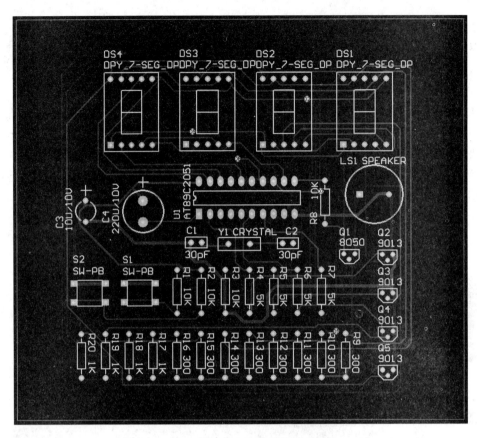

图 9-53   自动布线生成的 PCB 板图

如果 PCB 上的显示不清楚，把屏幕重新刷新一下就好了。方法如下：执行 View →
Refresh 命令(快捷键：V，R 或 End 键)。

9.5   调整 PCB 板布线

如果用户觉得自动布线的效果不令人满意，可以重新调整元器件的布局。

如果想重新布线，方法如下：选择主菜单 Tools→Un-Route→All 命令，就把所有已布
的线路全部撤销，变成了飞线；如果选择 Tools→Un-Route→Net 命令，就可用鼠标单击需
要撤销的网络，这样就可以撤销选中的网络；如果选择 Tools→Connection 命令，就可以撤
销选中的连线；如果选择 Tools→Un-Route→Component 命令，用鼠标单击元件，相应元件
上的线就全部变为飞线。

现在执行 Tools→Un-Route→All 命令，撤销所有已布的线。然后移动元器件，调整元
器件布局后的电路如图 9-54 所示。

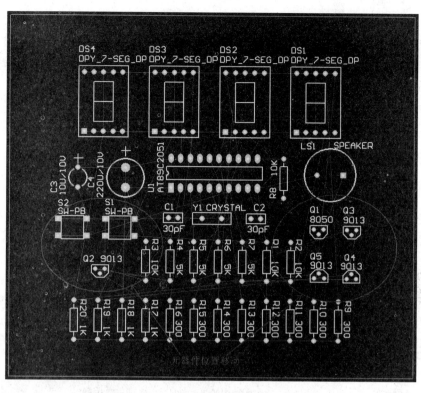

图 9-54　重新调整布局后的 PCB 板

执行 Auto Route→All 命令，布线结果如图 9-55 所示。

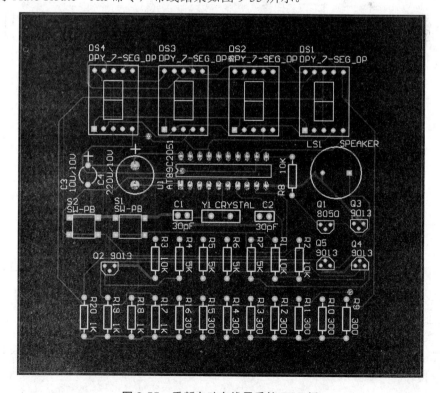

图 9-55　重新自动布线局后的 PCB 板

从操作过程可以看出，PCB 板的布局对自动布线的影响很大，所以用户在设计 PCB 板时一定要把元器件的布局设置合理，这样自动布线的效果才理想。

观察自动布线的结果可知，对于比较简单的电路，当元器件布局合理，布线规则设置完善时，Protel 99 SE 中的布线器的布线效果相当令人满意。

单击保存工具按钮，保存 PCB 文件。

9.6 验证 PCB 设计

PCB 设计是高度交互性的设计过程，会不时调整元器件布局、布线走向，甚至增减元器件、改变封装等。如果正确设置布局、布线及制造等规则，并利用 Protel 99 SE 提供的设计规则检查功能进行相关阶段的规则检查，及早发现违反规则的情况，有利于设计的顺利进行。

设计规则检查。

(1) 在主菜单中选择 Tools → Design Rule Check 命令，打开图 9-56 所示的 Design Rule Check 对话框。

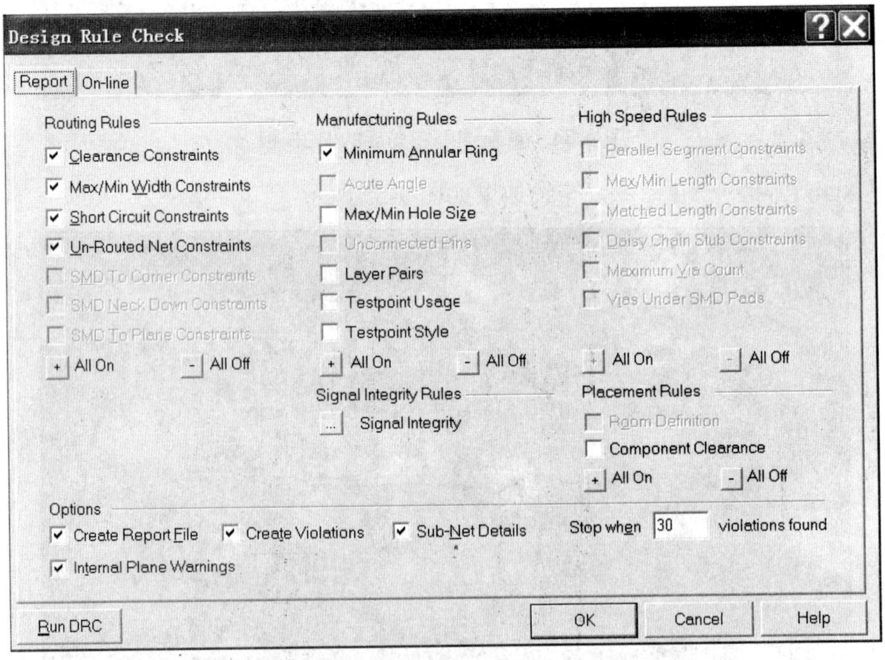

图 9-56 Design Rule Checker 对话框

该对话框有两个选项卡：批次检查选项卡 Report、在线规则检查选项卡 ON-line。批次检查表示启动一次检查一次，并产生报告文件。在线规则检查表示在设计过程中后台实时检查设计情况。

两个选项卡的界面相似，这里主要叙述 Report 选项卡。

在 Report 批次检查选项卡界面共有 5 个设计规则选项区域、一个 Option 区域和一个 Run DRC 按钮。

设计规则选项区域分别对 5 类设计规则的检查项进行选择，选中某项表示要对该项进行设计规则检查，每一选项的含义与设计规则中的一样。如果在设计规则中没有对相应的项进行设置，则以灰色显示，表示不能对它进行检查。

这 5 类设计规则分别为 Routing Rules(布线规则)、Manufacturing Rules(制造规则) High Speed Rules(高速规则)、Signal Integrity Rules(信号完整性规则)、Placement Rules(元件放置规则)。

Option 区域共有以下 5 个复选框。

Create Report File：产生设计规则检查的报告文件。

Create Violations：以高亮绿色显示违反设计规则的对象。

Sub-Net Details：启动在设计规则检查时连同子网络一起检查。

Internal Plane Warnings：对内部电源层警告。

Stop When "xxx" Violations Found：设置当发现"xxx"个违规时，停止检查。

(2) 单击 Run DRC 按钮，启动设计规则测试。

设计规则测试结束后，系统自动生成图 9-57 所示的检查报告网页文件。

```
数码管显示电路.ddb | PCB1.PCB   PCB1.DRC

Protel Design System Design Rule Check
PCB File : Documents\PCB1.PCB
Date     : 25-Mar-2012
Time     : 14:18:11

Processing Rule : Width Constraint (Min=20mil) (Max=20mil) (Prefered=20mil) (Is on net VCC )
Rule Violations :0

Processing Rule : Width Constraint (Min=30mil) (Max=30mil) (Prefered=30mil) (Is on net GND )
Rule Violations :0

Processing Rule : Minimum Annular Ring (Minimum=10mil) (On the board )
Rule Violations :0

Processing Rule : Broken-Net Constraint ( (On the board ) )
Rule Violations :0

Processing Rule : Short-Circuit Constraint (Allowed=Not Allowed) (On the board ),(On the board )
Rule Violations :0

Processing Rule : Broken-Net Constraint ( (On the board ) )
Rule Violations :0

Processing Rule : Short-Circuit Constraint (Allowed=Not Allowed) (On the board ),(On the board )
Rule Violations :0

Processing Rule : Width Constraint (Min=10mil) (Max=20mil) (Prefered=15mil) (On the board )
Rule Violations :0

Processing Rule : Clearance Constraint (Gap=13mil) (On the board ),(On the board )
Rule Violations :0


Violations Detected : 0
Time Elapsed        : 00:00:00
```

图 9-57　检查报告网页

查看检查报告，系统设计中不存在违反设计规则的问题，系统布线成功。在下一章将介绍 PCB 板设计的一些技巧。

9.7　项 目 实 训

实训目的

(1) 熟练掌握用 PCB 板的向导创建 PCB 板。

(2) 熟练掌握添加 PCB 封装库的方法。

(3) 熟练掌握将原理图的信息导入 PCB 内的方法。

(4) 会在 PCB 板内修改元器件的封装，以使元器件的封装与实际元器件相吻合。

(5) 熟练掌握手动布局的方法，遵循元器件之间的连线最短、交叉线最少的原则布局。

(6) 熟练掌握自动布线、撤销布线的各种方法。

(7) 了解 PCB 板的设计规则检查。

实训任务

(1) 用 PCB 板的向导创建一个长 108mm、高 94mm 的双层 PCB 板。

(2) 添加在项目 5 创建的 PCB 封装库。

(3) 将数码管显示电路原理图的信息导入 PCB 内，按照 9.2.2 的数据，更改电容元件 C3、C4 的封装。

(4) 将鼠标指针设置大"十"字形光标，手动布局。

(5) PCB 板布局合理后，将电源线(VCC)加粗为 25mil、地线(GND)加粗为 30mil，自动布线，调整布线，完成数码管显示电路的 PCB 设计。

(6) 验证 PCB 设计。

项 目 小 结

本项目介绍了用 PCB 板的向导创建 PCB 板。PCB 板创建好后，添加在项目 5 创建的 PCB 封装库，将项目 7 创建的数码管显示电路的原理图的信息导入 PCB 内，更改电容元件 C3、C4 的封装，以使 PCB 板上的元器件的封装与实际的元器件相吻合；手动给 PCB 板上的元器件布局，PCB 板的布局对自动布线的影响很大，用户在设计 PCB 板时一定要把元器件的布局设置合理，这样自动布线的效果才理想。布局合理后，介绍了 Routing 选项卡、Manufacturing 选项卡上的一些常用的规则，特别是要将电源线、接地线加粗。规则设计好后，自动布线，可以用多种布线方法为 PCB 板上的元器件布线，如果布线有不合理的地方，可以删除该线，重新布线；如果对 PCB 板的布线不满意，可以撤销所有的布线，重新布局，重新布线，直到合理、满意为止。下一项目对该问题有专门的介绍。

学 习 思 考 题

1. 设计规则检查 Design Rule Check(DRC)的作用是什么？

2．在 PCB 板的设计过程中，是否随时在进行 DRC 检查？

3．设计规则总共有多少个选项卡类？具体有哪些？

4．在设计 PCB 板时，自动布线前，是否必须把设计规则设置好？

5．自动布线的方式有几种？

6．请完成项目 7 绘制的"高输入阻抗仪器放大器电路的电路原理图"的 PCB 设计。PCB 板的尺寸根据所选元器件的封装自己决定，要求用双面板完成，电源线的宽度设置为 18mil，GND 线的宽度设置为 28mil，其他线宽设置为 13mil，元器件布局要合理，设计的 PCB 板要适用。

7．请完成项目 7 绘制的"铂电阻测温电路的电路原理图"的 PCB 设计，具体要求同第 6 题。

项目 10

交互式布线及 PCB 板
设计技巧

教学目标

(1) 了解 Protel 99 SE 的交互式布线功能。
(2) 熟练掌握 PCB 板的设计技巧。
(3) 熟悉 PCB 板的 3D 显示。
(4) 确保原理图信息与 PCB 板信息的一致性。

教学要求

能力目标	相关知识	权重
Protel 99 SE 的交互式布线功能	有针对性地显示 PCB 上的对象 交互式布线 Interactive Routing 命令 布线中添加过孔和切换板层	30%
PCB 板的设计技巧	放置泪滴 放置安装孔 布置多边形铺铜区域 放置尺寸标注 设置坐标原点	50%
PCB 板的 3D 显示	View→Board in 3D 命令 3D 视图的视角通过手动操作来改变	10%
确保原理图信息与 PCB 板信息的一致性	Design→Update Schematic 命令 Design→Update PCB 命令	10%

在完成元器件布局后，PCB 设计最重要的环节就是布线。Protel 99 SE 直观的交互式布线功能帮助设计者精确地完成布线工作。印制电路板设计被认为是一种"艺术工作"，一个出色的 PCB 设计要具有艺术元素。布线良好的电路板上具备元器件引脚间整洁流畅的走线，有序活泼地绕过障碍器件和跨越板层。一个优秀的布线要求设计者具有良好的三维空间处理技巧、连贯和系统的走线处理以及对布线和质量的感知能力。本项目在上一项目设计的数码管显示电路的 PCB 板基础上进行优化，完成以下知识点的介绍。

(1) 交互式布线。

(2) 有针对性地显示 PCB 上的对象。

(3) PCB 板设计技巧。

(4) PCB 板的三维视图。

10.1 交互式布线

用上一项目所完成的数码管电路的 PCB 板，进行以下练习。

10.1.1 有针对性地显示 PCB 上的对象

为了查看 PCB 板上的布局、布线是否合理，连线是否正确，可以采用以下方法。

(1) 选择设计管理器的 Browse PCB 标签，单击 ▼ 按钮，弹出图 10-1 所示的下拉菜单，在下拉菜单中选择不同的对象，如 Nets(网络)、Components(元件)、Libraries(库)等，则在 Browse PCB 管理器中就显示相应的对象。如选择 Components，则显示图 10-2 所示的管理器。

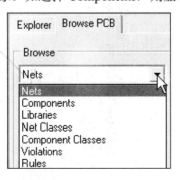

图 10-1 下拉菜单

(2) 通过图 10-2 所示的管理器，可以查看 PCB 板上的所有元器件位置，从这里看出元器件数码管 DS1、DS2、DS3、DS4 的排列是从右到左，为了与原理图的数码管排列顺序一致，DS1、DS2、DS3、DS4 的排列是从左到右，所以在第 4 点设计者可以重新布局。

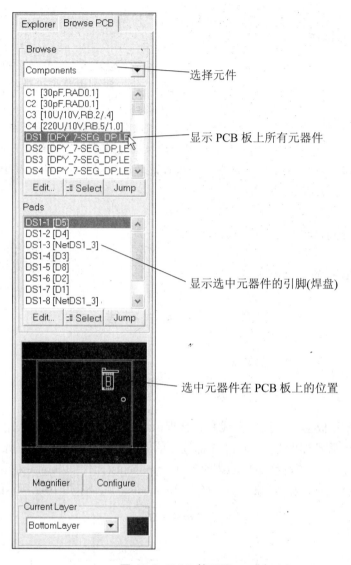

图 10-2　PCB 管理器

(3) 在图 10-1 所示的下拉菜单中，选择 Nets(网络)，在网路区域选择 GND，则在节点区显示与 GND 相连的所有节点，在下面的导线区域显示 GND 导线，在 PCB 板上 GND 以白色显示(以区别其他导线)，如图 10-3 所示，在此可以检查网路走线是否合理，是否有漏掉的节点，如果布线不合理，可以撤销所有的布线，重新布局。

(4) 撤销图 10-3 所示的 PCB 板上的所有的布线，用项目 9 介绍的方法，按元器件之间连线最短，交叉线最少的原则进行手动布局。

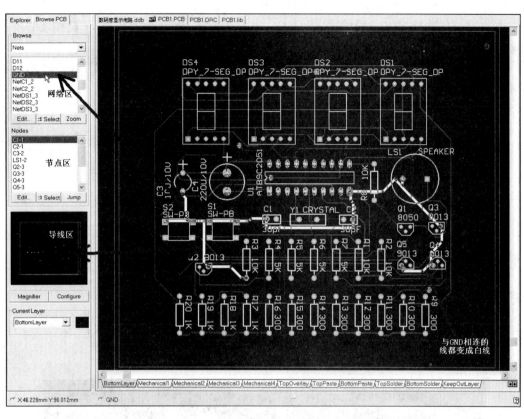

图 10-3 PCB 板上选中的导线以白色显示

布局时可以用 Browse PCB 标签查看网络布线位置是否合理，如图 10-4 所示。

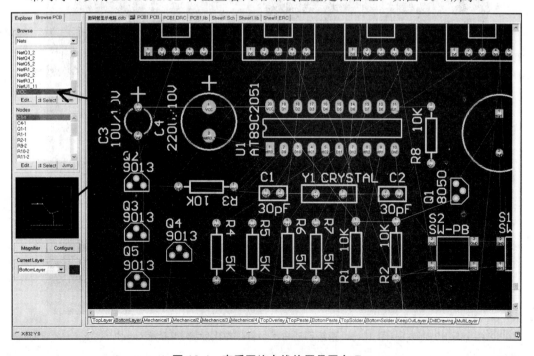

图 10-4 查看网络布线位置是否合理

　　如在网络区选择 VCC，导线区显示 VCC 的所有连线，PCB 板所有与 VCC 相连的节点都以白色显示，在此可以检查布局是否合理、连线是否正确。

　　选中网络飞线的颜色可以修改，在网络区双击网络名，如 VCC，弹出图 10-5 所示的对话框，即可在 Color 栏修改选中网络的颜色。

图 10-5　修改选中网络的颜色

重新手动布局、自动布线后的 PCB 板如图 10-6 所示。

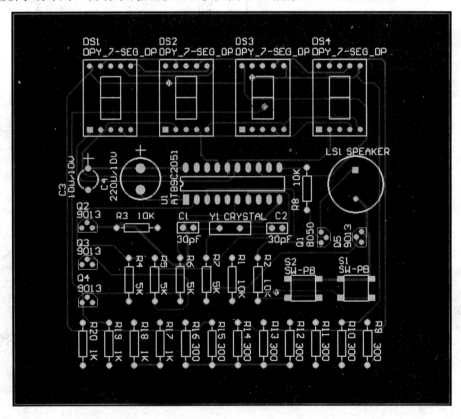

图 10-6　重新手动布局、自动布线后的 PCB 板

　　(5) PCB 板的单层显示。执行菜单 Tools→Preferences 命令，弹出 Preferences 对话框，

选择 Display 选项卡，选中 Single Layer Mode 复选框，单击 OK 按钮，关闭 Preferences 对话框，即可单层显示 PCB 板，如图 10-7 所示。

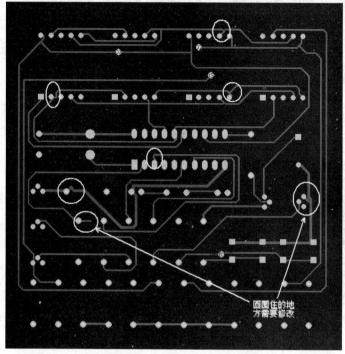

(a) Top Layer(顶层)

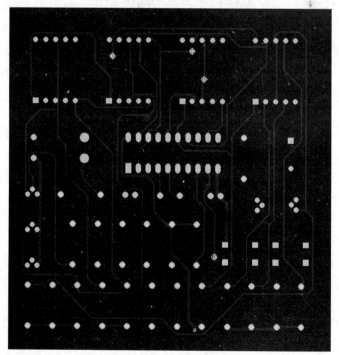

(b) Bottom Layer(底层)

图 10-7 PCB 板的单层显示

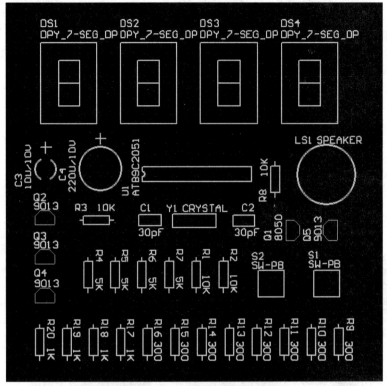

(c) Top Overlay(丝印层)

图 10-7　PCB 板的单层显示(续)

从 PCB 板的单层显示可以清楚看出 PCB 板上存在的问题，如在图 10-7(a)上被圆圈住的地方都需要设计者进行修改。

要取消单层显示，把 Display 选项卡的复选框 Single Layer Mode 取消选中即可。

10.1.2　交互式布线

交互式布线并不是简单地放置线路使得焊盘连接起来。Protel 99 SE 支持全功能的交互式布线，交互式布线工具可以通过以下 3 种方式调出：执行菜单 Place→Interactive Routing 命令、在 PCB 工具栏(Placement Tools)中单击 按钮或在右键菜单中选择 Interactive Routing 命令(快捷键：P，T)。交互式布线工具能直观地帮助用户在遵循布线规则的前提下取得更好的布线效果。

当进入交互式布线模式后，光标会变成十字准线，选中某个焊盘开始布线。当单击线路的起点时，当前的模式就在状态栏显示。此时在所需放置线路的位置单击或按 Enter 键放置线路。把光标的移动轨迹作为线路的引导，布线器能在最少的操作动作下完成所需的线路。

撤销刚放置的线路同样可以使用 BackSpace(退格)键完成。当已放置线路并右击退出本条线路的布线操作后将不能再进行撤销操作。

以下的快捷键可以在布线时使用。

① Enter(回车)键及单击——在光标当前位置放置线路。

② Esc 键——退出当前布线，在此之前放置的线路仍然保留。

③ BackSpace(退格)键——撤销上一步放置的线路。

(1) 控制拐角的类型。在交互式布线过程中，按 Shift + Space(空格)键，有不同拐角类型如图 10-8 所示。

可使用的拐角模式有：①任意角度(A)；② 45°(B)；③ 45°圆角(C)；④ 90°(D)；⑤ 90°圆角(E)。

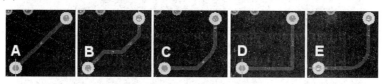

图 10-8　不同的拐角类型

使用 Space 键可以对拐角的方向进行控制切换。

(2) 执行菜单 Place→Interactive Routing 命令，对图 10-7(a)的 Top Layer(顶层)图中用圆圈圈住的不合理的地方进行修改，当布了一条新线时，重复的线路自动删除。如果重复的线路没有自动删除，可以把重复的线路移开，然后删除。修改前后的 PCB 板(部分)，如图 10-9 所示。

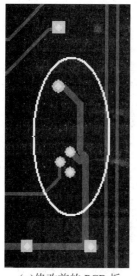
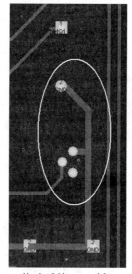

(a)修改前的 PCB 板　　　　　(b)修改后的 PCB 板

图 10-9　修改前后的 PCB 板

继续执行 Place→Interactive Routing 命令，将不合理的地方全部修改，在修改过程中为了使鼠标定位更准确，按键盘上的 G 键，将网络改成 1mil。修改后的 PCB 板顶层如图 10-10 所示。

用同样的方法修改 PCB 板的底层，然后取消单层显示 PCB 板，继续修改 PCB 板。

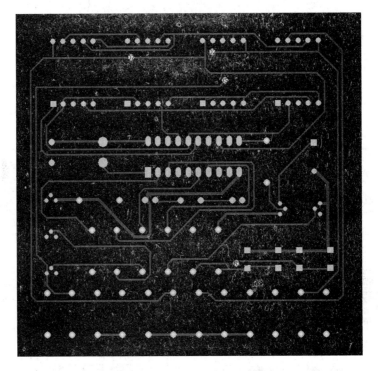

图 10-10　修改后的 PCB 板顶层

10.1.3　布线中添加过孔和切换板层

在 Protel 99 SE 交互布线过程中可以添加过孔。过孔只能在允许的位置添加，软件会阻止在产生冲突的位置添加过孔。

(1) 添加过孔并切换板层。在布线过程中按数字键盘的"*"或"+"键添加一个过孔并切换到下一个信号层。按"-"键添加一个过孔并切换到上一个信号层。该命令遵循布线层的设计规则，也就是只能在允许布线层中切换。单击已确定过孔位置后可继续布线。

(2) 在布线过程中，可以按 Tab 键，弹出 Interactive Routing 对话框，修改布线或过孔的尺寸，如图 10-11 所示。

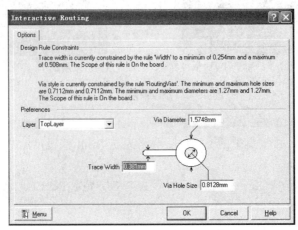

图 10-11　修改布线或过孔的尺寸

10.2　PCB 板的设计技巧

在掌握了以上的布线方式后，可以对上一项目设计的 PCB 板进行优化，重新布局、布线后的 PCB 板如图 10-12 所示。

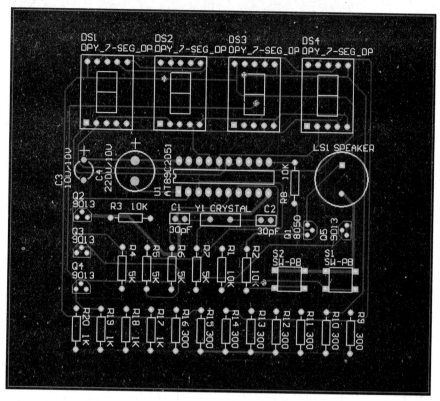

图 10-12　重新布局、布线后的 PCB 板

从图 10-12 可以看出，PCB 板的边框比较大，可以缩小。按 G 键，将 Grid 设为 0.5mm。选择 Keep-Out Layer 层，执行 Place→Line 命令(快捷键：P，L)，鼠标单击(58mm，81mm)、(152mm，81mm)、(152mm，168mm)、(58mm，168mm)这 4 个坐标，然后回到(58mm，81mm)坐标，按 Esc 键或鼠标右键退出绘线状态，重新绘制了 PCB 板的边框，删除以前的边框。

在进行下面的学习之前，一定要先检查设计的 PCB 板有无违反设计规则的地方，在主菜单中执行 Tools→Design Rule Check 命令，弹出 Design Rule Checker 对话框，单击 Run DRC 按钮，启动设计规则测试。如设计合理，没有违反设计规则，则进行下面的操作。

10.2.1　放置泪滴

如图 10-13 所示，在导线与焊盘或过孔的连接处有一段过渡，过渡的地方成泪滴状，所以称它为泪滴。泪滴的作用是在焊接或钻孔时，避免应力集中在导线和焊点的接触点上，而使接触处断裂，让焊盘和过孔与导线的连接更牢固。

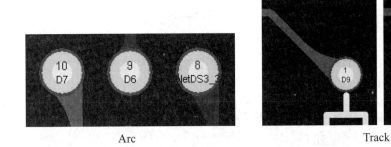

Arc   Track

图 10-13　泪滴的 Arc 和 Track 两种形状

放置泪滴的步骤如下。

(1) 打开需要放置泪滴的 PCB 板，执行 tools→Teardrops 命令，弹出图 10-14 所示泪滴设置对话框。

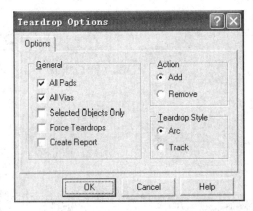

图 10-14　泪滴设置对话框

(2) 在 General 设置栏中，如果选中 All Pads 复选框，将对所有的焊盘放置泪滴；如果选中 All Vias 复选框，将对所有的过孔放置泪滴；如果选中 Selected Objects Only 复选框，将只对所选择的元素所连接的焊盘和过孔放置泪滴；如果选中 Force Teardrops 复选框，将强迫进行补泪滴操作；如果选中 Create Report 复选框，将补泪滴数据保存在一份.Rep 报表文件中。

(3) 在 Action 设置栏，Add 单选按钮表示此操作将添加泪滴；Remove 单选按钮表示此操作将删除泪滴。

(4) 在 Teardrop Style 设置栏，设置泪滴的形状，其中 Arc 和 Track 两种形状分别如图 10-13所示。

(5) 单击 OK 按钮，系统将自动按所设置的方式放置泪滴。

10.2.2　放置焊盘作为安装孔

在低频电路中，可以放置过孔或焊盘作为安装孔。执行 Place→Pad 命令，进入放置焊盘的状态，按 Tab 键弹出 Pad 对话框，如图 10-15 所示。

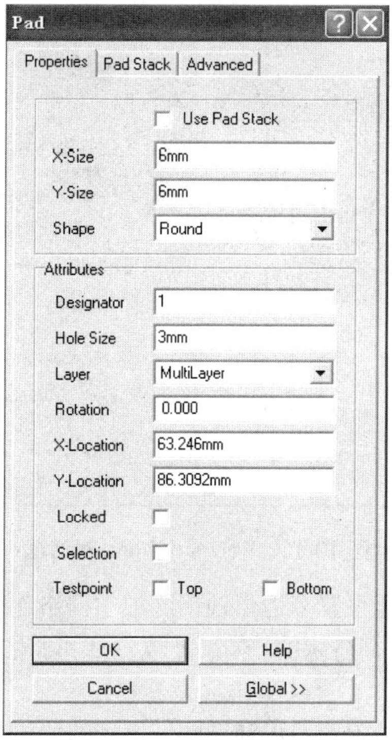

图 10-15　Pad 对话框

将焊盘 X-Size 改为 6mm；

将焊盘 Y-Size 改为 6mm；

将 Shape(形状)改为 Round(圆形)；

将 Hole Size(焊盘的孔的直径)改为 3mm；

然后放在 PCB 板的 4 个角上(63mm，86mm)、(147mm，86mm)、(147mm，163mm)、(63 mm，163mm)。

把 4 个焊盘放在 PCB 板后，如图 10-23 所示。

10.2.3　布置多边形铺铜区域

在设计电路板时，有时为了提高系统的抗干扰性，需要设置较大面积的接地线区域(大面积接地)。多边形铺铜就可以完成这个功能，布置多边形铺铜区域的方法如下。

(1) 在工作区选择需要设置多边形铺铜的 PCB 板层。

(2) 单击 PlacementTools 工具栏中的多边形铺铜工具按钮，或者在主菜单中选择 Place→Polygon Plane 命令，打开图 10-16 所示的 Polygon Plane 对话框。

图 10-16 所示的 Polygon Plane 对话框用于设置多边形铺铜区域的属性，其中的选项功能如下。

①Plane Settings 区域。

a. Grid Size 编辑框用于设置多边形铺铜区域中栅格的尺寸。为了使多边形连线的放置最有效，建议避免使用元件引脚间距的整数倍值设置栅格尺寸。

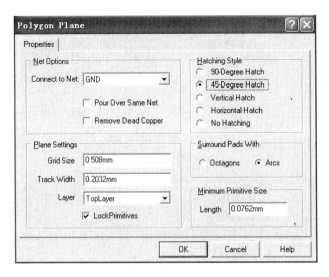

图 10-16　Polygon Plane 对话框

　　b. Track Width 编辑框用于设置多边形铺铜区域中栅格连线的宽度。如果连线宽度比栅格尺寸小，多边形铺铜区域是栅格状的；如果连线宽度和栅格尺寸相等或者比栅格尺寸大，多边形铺铜区域是实心的。

　　c. Layer：下拉列表用于设置多边形铺铜区域所在的层。

　　d. Lock Primitive：用于设置是否锁定多边形铺铜区域。如果选中该复选框，多边形铺铜区域就成为一个整体，不能对里面的任何对象进行编辑，否则就不是整体了。

　　②Surround Pads With 区域。Surround Pads With 选项区用于设置多边形铺铜区域在焊盘周围的围绕模式。其中，Arcs 单选按钮表示采用圆弧围绕焊盘，Octagons 单选按钮表示使用八角形围绕焊盘，如图 10-17 所示。使用八角形围绕焊盘的方式所生成的 Gerber 文件比较小，生成速度比较快。

(a)圆弧围绕焊盘　　　　　　　　　　　　　　(b)八角形围绕焊盘

图 10-17　围绕模式

　　③Hatching Style 区域。Hatching Style 选项区用于设置多边形铺铜区域中的填充栅格式样，其中共有 5 个单选按钮，其功能如下。

　　a. 90 Degree Hatch 单选按钮表示在多边形铺铜区域中填充水平和垂直的连线栅格。

　　b. 45 Degree Hatch 单选按钮表示用 45°的连线栅络填充多边形铺铜区域。

　　c. Vertical Hatch 单选按钮表示用垂直的连线填充多边形铺铜区域。

　　d. Horizontal Hatch 单选按钮表示用水平的连线填充多边形铺铜区域。

　　e. No Hatching 单选按钮表示不填充多边形铺铜区域

　　以上各填充风格的多边形铺铜区域如图 10-18 所示。

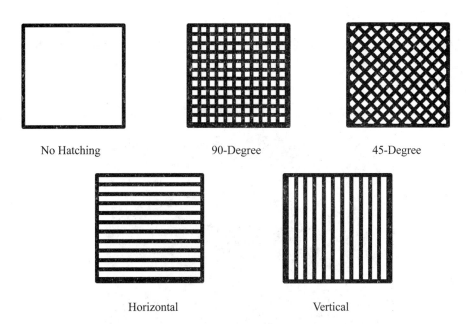

图 10-18　各填充风格的多边形铺铜区域

④ Net Options 区域。Net Options 区域用于设置多边形铺铜区域中的网络，其中的各选项功能如下。

a. Connect To Net 下拉列表用于选择与多边形铺铜区域相连的网络，一般选择 GND。

b. Pour Over Same Net(铺在相同网络上)。选中该复选框，铺铜与相同 net 的线或物体融合在一起，与相同网络上的焊盘相连，如图 10-19 所示。

图 10-19　选择 Pour Over Same Net 的铺铜效果

不选中该复选框，铺铜将围绕在相同 net 线的周围，与相同网络上的焊盘相连，如图 10-20 所示。

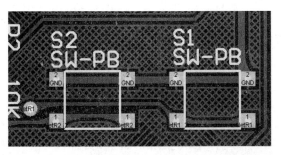

图 10-20　不选择 Pour Over Same Net 的铺铜效果

d. Remove Dead Copper 复选框。选中该复选框后，系统会自动移去死铜。所谓死铜是指在多边形铺铜区域中没有和选定的网络相连的铜膜。当已存在的连线、焊盘和过孔不能和铺铜构成一个连续区域时，死铜就生成了。死铜会给电路带来不必要的干扰，因此建议用户选中该选项，自动消除死铜，如图 10-21 所示。

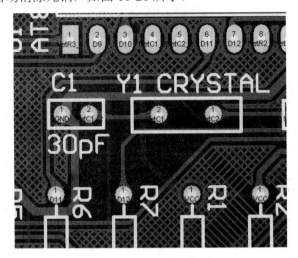

图 10-21　选择 Remove Dead Copper 后去除死铜的效果

    ⑤Minimum Primitive Size 区域。

    Minimum Primitive Size 区域的 Length 编辑框用于设置多边形铺铜区域的精度，该值设置得越小，多边形填充区域就越光滑，但铺铜、屏幕重画和输出产生的时间会增加。

    (3) 在 Polygon Plane 对话框中设置好多边形铺铜区域的属性，单击 OK 按钮，关闭对话框。

    (4) 移动光标，在多边形的起始点单击，定义多边形开始的顶点。

    (5) 移动光标，持续在多边形的每个折点单击，确定多边形的边界，直到多边形铺铜的边界定义完成，按鼠标右键，退出该模式，铺铜就完成，如图 10-23 所示。

    (6) 铺铜在放置多边形折点的时候，可以按 Space 键改变线的方向(90°、90°圆弧、45°、任意角度)，也可以按 Shift+Space 键改变线的方向(90°、90°圆弧、45°、45°圆弧、任意角度)。

    如果制板的工艺不高，铺铜铺成实心的，时间久了，PCB 板的铺铜区域容易起泡，如果铺铜铺成网状的就不存在这个问题，并且容易散热。

10.2.4　放置尺寸标注

    在设计印制电路板时，为了便于制板，常常需要提供尺寸的标注。一般来说，尺寸标注通常是放置在某个机械层，用户可以从 16 个机械层中指定一个层来做尺寸标注层。也可以把尺寸标注放置在 Top Overlay 层或 Bottom Overlay 层。

    放置尺寸标注，可进行以下操作。

    (1) 单击 PlacementTools 工具栏中的尺寸工具按钮，或者执行 Place→Dimension 命令。

    (2) 按 Tab 键，打开图 10-22 所示的 Dimension 对话框。

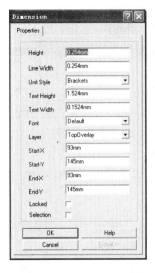

图 10-22 Dimension 对话框

图 10-22 所示的 Dimension 对话框用于设置尺寸标注的属性，其中的选项功能如下。

Height 编辑框用来设置高度。

Line Width 编辑框用来设置线的宽度。

Unit Style 编辑框用来设置尺寸标注单位的显示方式，None：不显示单位；Normal：显示单位；Brackets：显示的单位用圆括号括起来。

Text Height 编辑框用来设置尺寸字体高度。

Text Width 编辑框用来设置尺寸字体线宽。

Font 选择当前尺寸文本所使用的字体。

Layer 下拉列表用来设置当前尺寸文本所放置的 PCB 板层。

Start-X、Start-Y 编辑框用于设置标注起始点的坐标。

End-X、End-Y 编辑框用于设置标注终点的坐标。

Locked 复选框用来锁定标注尺寸。

(3) 在 Dimension 对话框中设置标注的属性，单击 OK 按钮。

(4) 移动光标至工作区单击需要标注的距离的一端，确定一个标注箭头位置。

(5) 移动光标至工作区单击需要标注的距离的另一端，确定另一个标注箭头位置，如果需要垂直标注，可按 Space 键旋转标注的方向。

(6) 重复步骤(3)～(5) 继续标注其他的水平和垂直距离尺寸。

(7) 标注结束后，按鼠标右键，或者按 Esc 键，结束尺寸标注操作。标注的尺寸如图 10-23 所示。

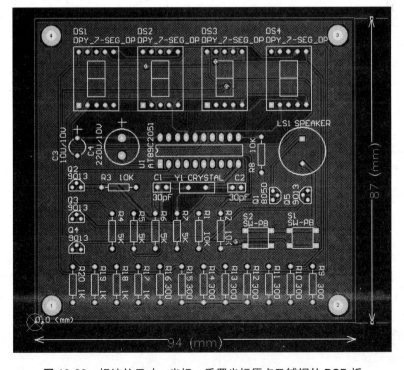

图 10-23 标注的尺寸、坐标，重置坐标原点及铺铜的 PCB 板

坐标标注用于显示工作区里指定点的坐标。坐标标记可以放置在任意层，坐标标注包括一个"十"字标记和位置的(X，Y)坐标，可进行如下操作布置坐标标注。

(1) 单击 PlacementTools 工具栏中的坐标标注工具按钮$+^{10,10}$，或者在主菜单中选择 Place →Coordinate 命令。

(2) 按 Tab 键，打开图 10-24 所示的 Coordinate 对话框。

图 10-24 所示的 Coordinate 对话框用于设置坐标标注的属性，其中选项功能与图 10-22 所示的 Dimension 对话框中的对应选项功能相同。可参考对 Dimension 对话框中选项的描述。

(3) 在工作区单击需要布置坐标标注的点，即可在该点布置坐标标注。

(4) 重复步骤(3)，在其他的点上布置坐标标注，所有标注布置结束后，按鼠标右键或者按 Esc 键，结束坐标标注的布置。标注的坐标如图 10-23 所示。

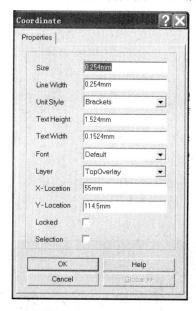

图 10-24　Coordinate 对话框

10.2.5　设置坐标原点

在 PCB 编辑器中，系统提供了一套坐标系，其坐标原点称为绝对原点，位于图纸的最左下角。但在编辑 PCB 板时，往往根据需要在方便的地方设计 PCB 板，所以 PCB 板的左下角往往不是绝对坐标原点。

Protel 99 SE 提供了设置原点的工具，用户可以利用它设定自己的坐标系，方法如下。

(1) 单击 PlacementTools 工具栏中的坐标原点标注工具按钮 ⊠，或者在主菜单中选择 Edit→Origin→Set 命令。

(2) 此时鼠标箭头变为十字光标，在图纸中将十字光标移动到适当的位置后单击，即可将该点设置为用户坐标系的原点(图 10-23)，此时再移动鼠标就可以从状态栏中了解到新的坐标值。

(3) 如果需要恢复原来的坐标系，只要选择 Edit→Origin→Reset 命令即可。

10.3　PCB 板的 3D 显示

在经过一系列的设计后，对着一张布满元器件和导线的 PCB 板，设计者也许会有一定的成就感，但是能早一些看到制成的 PCB 板不是更好吗？该软件的三维视图功能正好能满足设计者这个需求。

三维视图是一种可视化的工具，它可以让用户预览想象中的三维视图，它是利用元器件的封装形式选用一些典型的元件展现出来的，不一定跟现实中的一模一样。

在 PCB 编辑器中，执行菜单 View→Board in 3D 命令，如果是第一次使用该功能，弹出如图 10-25 所示的对话框，如果提示计算机的显卡支持 OpenGL，就有好的显示效果，单击 OK 按钮，系统会自动生成一个三维视图，并且在当前的窗口中打开，如图 10-26 所示。

图 10-25　计算机的显卡支持 OpenGL

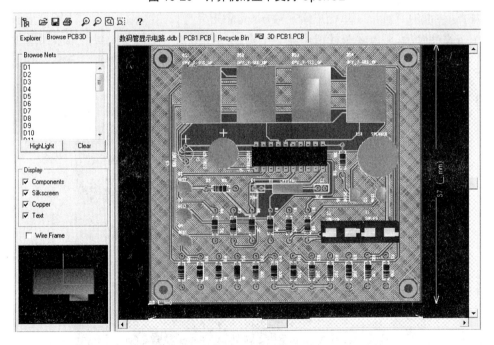

图 10-26　PCB 板的 3D 显示(俯视图)

此时，看到的仅仅是个俯视图，其实，可以更加生动、形象地来进行观察。这就是将要讲到的视角的改变问题。视角是可以通过手动操作来改变的，将光标移动到左下角的缩小的视图上面。这时光标的形状发生了变化，然后按住鼠标左键并拖动鼠标，就可看到视角会随着光标的变化而变化，如图 11-27 所示。

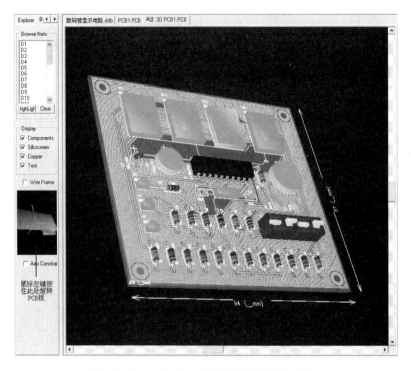

图 10-27　PCB 板的 3D 显示(视角发生变化)

在自动生成的三维视图里面显示了 Component(元件)、Silkscreen(丝印层)、Copper(铺铜)、Text(文字)等信息,多个标注可能会干扰视线。为了解除这一困扰,可以通过改变某些设置来达到更好的效果,在设计管理器的 Display 区域内的复选框用来决定是否显示相应的项目。选择复选框,表示显示,图 10-28 所示是只显示元件的 PCB 板。

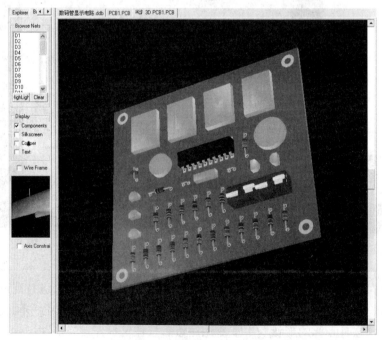

图 10-28　只显示元件的 PCB 板

10.4　原理图信息与 PCB 板信息的一致性

如果数码管显示电路 PCB 板上元器件的三维模型比较接近真实的元器件的尺寸，就可观察设计的 PCB 板是否合理适用。如果不合理，可以修改 PCB 板，直到满足设计要求为止，否则等生产厂家把 PCB 板制作好以后才发现错误，就会造成损失。

如果在 PCB 板上发现某个元件的封装不对，可以在 PCB 板上修改或更换该元器件的封装，这就造成原理图信息与 PCB 板上的信息不一致。为了使 PCB 板上更改的信息反馈回原理图，在 PCB 编辑器执行 Design→Update Schematic 命令，弹出 Update→Design 对话框，如图 10-29 所示，单击 Execute 按钮就可把 PCB 的信息更新到原理图内。

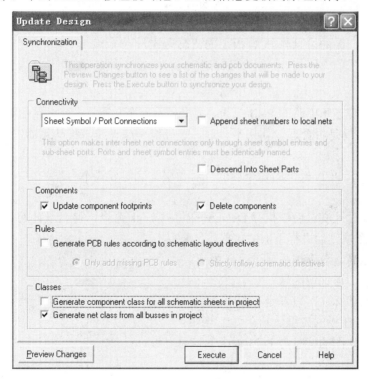

图 10-29　Update Design 对话框

如果在原理图上发生了改变，要把原理图的信息更新到 PCB 内，在原理图编辑环境下执行 Design→Update PCB 命令，就可把原理图的信息更新到 PCB 内。这样就可保证原理图信息与 PCB 板上的信息一致，原理图与 PCB 图之间是可以双向同步更新的。

如果 PCB 板设计合理，就可产生输出文件(项目 11 介绍)供生产厂家使用。

10.5　项　目　实　训

实训目的

(1) 熟练掌握有针对性地显示 PCB 上的对象。

(2) 熟练掌握交互式布线设计技巧。

(3) 熟练掌握放置泪滴焊盘的方法。

(4) 熟练掌握放置焊盘或过孔作为安装孔的方法。

(5) 熟练掌握布置多边形铺铜区域的方法。

(6) 熟练掌握放置尺寸标注，设置坐标原点的方法。

(7) 能进行 PCB 板的三维显示。

(8) 确保原理图的信息与 PCB 板上的信息一致。

实训任务

(1) 在数码管显示电路的 PCB 板上，突出显示 4 个数码管，突出显示电源线与接地线，并检查元器件布局是否合理，如果不合理，把导线变成飞线，移动元器件直到布局合理，然后自动布线。

(2) 单层显示 PCB 板上的各个层面，对顶层、底层导线不合理的地方，用交互式布线方法进行修改。

(3) PCB 板设计满意后，执行 Design→Rule Check 命令，检查设计的 PCB 板是否符合设计规则，符合规则后进行下面的操作。

(4) 设置泪滴、放置焊盘或过孔作为安装孔。

(5) 布置多边形铺铜区域。

(6) 放置尺寸标注，设置坐标原点。

(7) 进行 PCB 板的三维显示。

(8) 检查原理图的信息与 PCB 板上的信息一致。

项　目　小　结

本项目介绍了交互式布线及 PCB 板的设计技巧。为了检查 PCB 板上的元器件布局是否合理，连线是否规范、整洁流畅，可以进行有针对性的显示 PCB 上的对象。PCB 板的设计技巧包括放置泪滴(以避免焊盘与导线接头处断裂)，放置焊盘作为安装孔，布置多边形铺铜区域(提高系统的抗干扰性)，放置尺寸标注，设置坐标原点等内容。为了了解 PCB 板与机箱的配合情况，可以进行 PCB 板的三维显示，确保原理图信息与 PCB 板上的信息一致。如果认为 PCB 板设计合理，就可产生各种输出文件，将在项目 11 中介绍。

学习思考题

1. 怎样操作才能在 PCB 板上突出显示电源线与接地线？

2. 在布线过程中按什么键可以添加一个过孔并切换到下一个信号层？

3. 在 PCB 板的焊盘上放置泪滴有什么作用？在 PCB 板上放置多边形铺铜一般与哪个网络相连？

4. 将项目 9 完成的"高输入阻抗仪器放大器电路的 PCB 板"做优化处理，标注尺寸，设置坐标原点，查看 PCB 板的 3D 显示，检查设计的 PCB 板是否适用。

5. 将项目 9 完成的"铂电阻测温电路的 PCB 板"做优化处理，标注尺寸，设置坐标原点，查看 PCB 板的 3D 显示，检查设计的 PCB 板是否适用。

项 目 11

输出文件

教学目标

(1) 熟悉电路原理图信息输出。

(2) 熟练 PCB 板信息输出。

(3) 熟悉 PCB 板的打印。

教学要求

能力目标	相关知识	权重
电路原理图信息输出	创建 BOM(元件清单) 交叉参考元件表的生成 层次项目组织表的生成 电路原理图的打印输出	35%
PCB 板信息输出	PCB 板信息报表的生成 网络状态报表的生成 设计层次报表的生成	35%
PCB 板的打印	预览打印效果 打印设置 打印 特殊的打印模式(方式 1) 特殊的打印模式(方式 2)	30%

任务描述

在完成了数码管显示电路的原理图及 PCB 设计后，本项目主要介绍原理图及 PCB 的输出工作，包含以下内容。

(1) 电路原理图的信息输出。

(2) PCB 板的信息输出。

(3) PCB 板的打印。

现在已经完成了数码管显示电路的原理图及 PCB 设计，还需要把各种文件整理分发出来，进行设计审查、制造验证和生产组装 PCB 板。这些需要输出的文件很多，有些文件是用于提供给 PCB 制造商生产 PCB 板用，如 PCB 文件、Gerber 文件、PCB 规格书等。而有的则是提供给工厂生产使用，如元器件清单用来购买元器件，元件丝印图用来生产、装配 PCB 板等。

11.1　电路原理图信息输出

11.1.1　创建 BOM

BOM 是 Bill of Materials 的简称， 也叫材料清单(元件清单)，它是一个很重要的文件。物料采购、设计验证样品制作、批量生产等都需要这个文件。可以用电路原理图文件产生出 BOM，也可以用 PCB 文件产生 BOM，这里简单介绍用电路原理图文件产生 BOM 的方法。

(1) 打开要产生元件清单表的原理图文件，如数码管显示电路的原理图文件。执行 Reports→Bill of Materials 命令，出现 BOM Wizard 对话框，如图 11-1 所示。

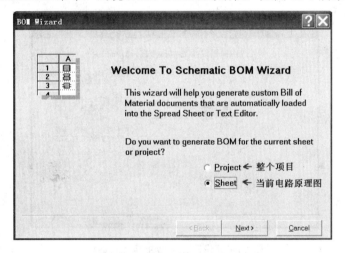

图 11-1　设置产生 BOM 的范围

(2) 在图 11-1 中，选中 Sheet 单选按钮，单击 Next 按钮，弹出图 11-2 所示对话框，选中 Footprint、Description 复选框，单击 Next 按钮，弹出图 11-3 所示对话框。

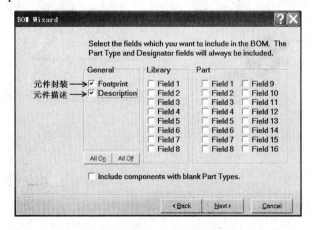

图 11-2　设置元件列表包含的元件信息

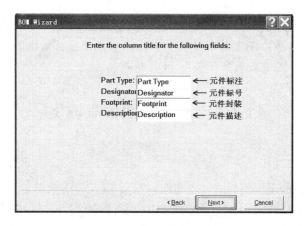

图 11-3　设置元件列表栏目标题

　　(3) 图 11-3 所示对话框不进行设置，保持默认值，单击 Next 按钮，弹出图 11-4 所示对话框。

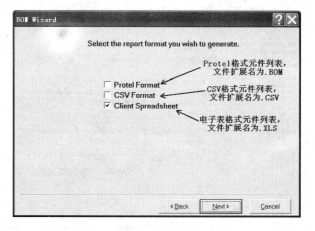

图 11-4　设置元件清单格式对话框

　　(4) 在图 11-4 中，选中 Client Spreadsheet 复选框，单击 Next 按钮，弹出图 11-5 所示对话框。

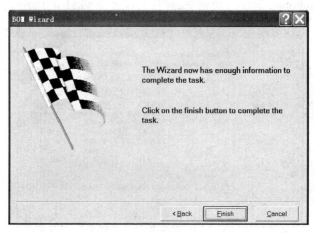

图 11-5　元件清单(BOM)完成对话框

（5）在图 11-5 中提示：向导已经收集所有的信息，产生了元件清单(BOM)表，单击 Finish 按钮，系统会自动打开元件清单表，如图 11-6 所示，元件清单文件的扩展名为.XLS。

	A	B	C	D	E
	Part Type	Designator	Footprint	Description	
1	Part Type	Designator	Footprint	Description	
2	1K	R18	AXIAL0.4		
3	1K	R17	AXIAL0.4		
4	1K	R20	AXIAL0.4		
5	1K	R19	AXIAL0.4		
6	5K	R5	AXIAL0.4		
7	5K	R4	AXIAL0.4		
8	5K	R7	AXIAL0.4		
9	5K	R6	AXIAL0.4		
10	10K	R2	AXIAL0.4		
11	10K	R1	AXIAL0.4		
12	10K	R8	AXIAL0.4		
13	10K	R3	AXIAL0.4		
14	10U/10V	C3	RB.2/.4	Electrolytic Capacitor	
15	30pF	C1	RAD0.1	Capacitor	
16	30pF	C2	RAD0.1	Capacitor	
17	220U/10V	C4	RB.5/1.0	Electrolytic Capacitor	
18	300	R12	AXIAL0.4		
19	300	R11	AXIAL0.4		
20	300	R13	AXIAL0.4		
21	300	R16	AXIAL0.4		
22	300	R15	AXIAL0.4		
23	300	R14	AXIAL0.4		
24	300	R10	AXIAL0.4		
25	300	R9	AXIAL0.4		
26	8050	Q1	TO-92A	PNP Transistor	
27	9013	Q3	TO-92A		
28	9013	Q5	TO-92A		
29	9013	Q4	TO-92A		
30	9013	Q2	TO-92A		
31	AT89C2051	U1	DIP-20	单片机AT89C2051	
32	CRYSTAL	Y1	XTAL1	Crystal	
33	DPY_7-SEG_DP	DS1	LED-10	Seven-Segment Display, Right Hand Decimal	
34	DPY_7-SEG_DP	DS4	LED-10	Seven-Segment Display, Right Hand Decimal	
35	DPY_7-SEG_DP	DS3	LED-10	Seven-Segment Display, Right Hand Decimal	
36	DPY_7-SEG_DP	DS2	LED-10	Seven-Segment Display, Right Hand Decimal	
37	SPEAKER	LS1	SPEAKER		
38	SW-PB	S2	SW-2		
39	SW-PB	S1	SW-2		

Explorer

Design Desktop
　Active Design S
　数码管显示电路.d
　　Design Team
　　Recycle Bin
　　Documents
　　　PCB1.DRC
　　　PCB1.lib
　　　PCB1.PCB
　　　PCB1.REP
　　　Sheet1.cfg
　　　Sheet1.ERC
　　　Sheet1.lib
　　　Sheet1.Sch
　　　Sheet1.XLS

数码管显示电路.ddb | PCB1.PCB | PCB1.DRC | PCB1.lib | Sheet1.Sch | Sheet1.lib | Sheet1.ERC | Sheet1.XLS

A1　Part Type

Sheet1

图 11-6　生成的元器件清单表(BOM)

11.1.2　交叉参考元件表及层次项目组织表的生成

1. 交叉参考元件表的生成

交叉参考元件表可以列出电路原理图中的每个元件的标号、标注和元件所在电路原理图的文件名。交叉参考元件表的扩展名为.xrf。

打开要产生交叉参考元件表的原理图文件，如数码管显示电路的原理图文件。执行菜单 Reports→Cross Reference 命令，系统开始自动生成交叉参考元件表。生成的交叉参考元件表如图 11-7 所示。

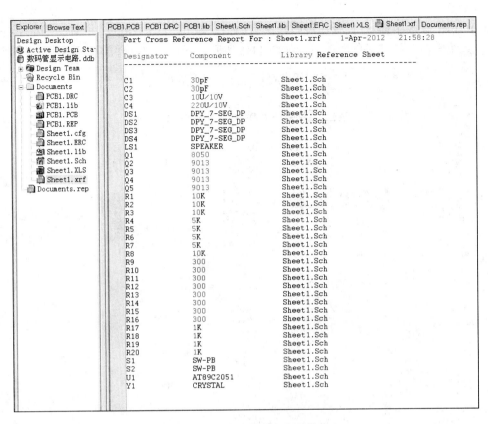

图 11-7　生成的交叉参考元件表

2. 层次项目组织表的生成

层次项目组织表主要用于说明指定项目文件中所包括的各种文件名及它们之间的层次关系。层次项目组织表的扩展名是.rep。

打开要产生层次项目组织表的原理图文件，如数码管显示电路的原理图文件。执行菜单 Reports→Design Hierarchy 命令，系统开始自动生成层次项目组织表。生成的层次项目组织表如图 11-8 所示。

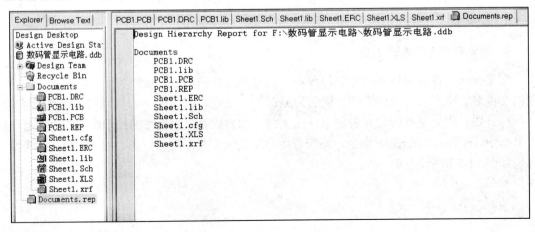

图 11-8　生成的层次项目组织表

11.1.3　电路原理图的打印输出

设计出电路原理图不仅要在计算机上显示，往往还需要打印输出。在打印电路原理图时要对打印机进行各种设置。电路原理图打印输出操作过程如下。

(1) 打开数码管显示电路原理图文件，然后执行菜单 File→Setup Printer 命令，弹出 Schematic Printer Setup(电路原理图打印设置)对话框，如图 11-9 所示。

选择打印原理图文件，Current Document：打印当前电路原理图文件；All Document：打印当前项目中的所有电路原理图文件。

设置图纸左、右、上、下边距

设置打印比例

选择打印机

进入更多设置按钮

打印颜色设置，Color：彩色打印；Monochrome：单色打印。

打印效果预览窗口

打印时自动填充页面

刷新预览按钮

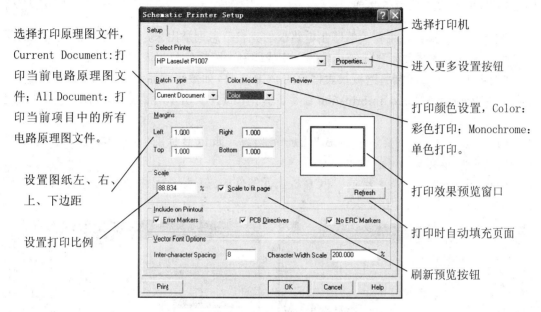

图 11-9　电路原理图打印设置

在该对话框进行有关设置后，单击 OK 按钮完成设置，如单击 Print 按钮即开始打印电路原理图。如果想进一步设置打印机，可单击 Properties 按钮，弹出图 11-10 所示的打印设置对话框。

图 11-10　打印设置对话框

(2) 在图 11-10 打印设置对话框中进行有关设置后，单击"确定"按钮，返回到图 11-9 所示的电路原理图打印设置对话框中，单击 OK 按钮完成设置，如单击 Print 按钮，就会按设置的要求开始打印电路原理图。

(3) 如果之前已经进行了打印设置，可直接执行菜单 File→Printer 命令，打印机就会按以前的设置打印电路原理图。

11.2 PCB 板信息输出

11.2.1 PCB 板信息报表的生成

PCB 板信息报表能将有关的印制电路板的完整信息列举出来，如列举印制电路板的尺寸、焊盘过孔的数量及元器件的标号等。生成印制电路板信息报表的操作过程如下。

(1) 打开要生成印制电路板报表信息的 PCB 文件，如数码管显示电路的 PCB1.PCB 图。执行菜单 Reports→Board Information 命令，弹出图 11-11 所示对话框，对话框中有 3 个选项卡。

General 选项卡：主要显示 PCB 板的一般信息，如 PCB 板的大小、焊盘过孔数、各种对象的数量和违反设计规则的数量等。

Component 选项卡：主要显示 PCB 板上元器件的总数量，元件序号及元件所在层等信息，如图 11-12 所示。

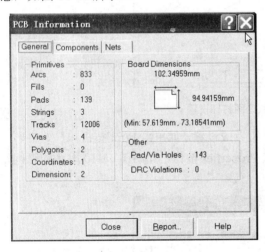
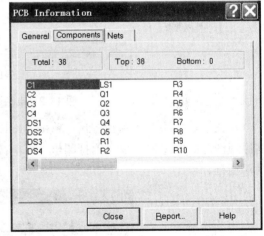

图 11-11　PCB 板信息对话框　　　　图 11-12　PCB 板上的元器件信息

Nets 选项卡：主要显示 PCB 板上的网络信息。

(2) 在图 11-11 所示的 PCB 板信息对话框中，单击 Report 按钮，弹出图 11-13 所示 PCB 板信息报表对话框，在该对话框中可以选择要生成报表的项目，如果要选中所有的项目，可单击对话框左下角的 All On 按钮；如果不选择任何项目，可单击 All Off 按钮；如果选中 Selected objects only 复选框，只生成所选对象的 PCB 板信息报表。

(3) 在图 11-13 中，单击 All On 按钮，再单击 Report 按钮，系统开始生成扩展名为.REP 的 PCB 板信息报表，如图 11-14 所示。报表内容很多，图中只列出了其中的一部分。

图 11-13   PCB 板信息报表对话框

```
PCB1.DRC  PCB1.lib  Sheet1.Sch  Sheet1.lib  Sheet1.ERC  Sheet1.XLS  Sheet1.xrf  Documents.rep   PCB1.REP
Specifications For PCB1.PCB
On 1-Apr-2012  at 22:42:40

Size Of board                 0.10236 x 0.09495 sq m
Equivalent 14 pin components  1007873600.00 sq mm/14 pin component
Components on board           38

Layer              Route    Pads  Tracks   Fills   Arcs    Text
----------------------------------------------------------------
TopLayer                       0    5441      0     393       0
BottomLayer                    0    6324      0     435       0
TopOverlay                     0     237      0       5      79
KeepOutLayer                   0       4      0       0       0
MultiLayer                   139       0      0       0       0
----------------------------------------------------------------
Total                        139   12006      0     833      79


Layer Pair                   Vias
-------------------------------------
Top Layer - Bottom Layer        4
-------------------------------------
Total                           4


Non-Plated Hole Size    Pads   Vias
-------------------------------------
Total                     0      0


Plated Hole Size        Pads   Vias
-------------------------------------
0.7112mm (28mil)          10      0
0.762mm (30mil)           85      0
0.8128mm (32mil)          40      4
3mm (118.11mil)            4      0
-------------------------------------
Total                    139      4


Top Layer Annular Ring Size   Count
-------------------------------------
0.508mm (20mil)                15
0.762mm (30mil)                94
0.8636mm (34mil)                8
1.778mm (70mil)                20
1.8288mm (72mil)                2
3mm (118.11mil)                 4
-------------------------------------
Total                         143
```

图 11-14   生成的 PCB 板信息报表

223

11.2.2 网络状态报表的生成

网络状态报表的功能是列出 PCB 板中每一条网络的长度。生成网络状态报表的操作过程如下。

打开要生成网络状态报表的 PCB 文件，如数码管显示电路的 PCB1.PCB 图。执行菜单 Reports→Netlist Status 命令，系统开始自动生成网络状态报表，并自动打开，如图 11-15 所示。网络状态报表的扩展名为.REP。

| PCB1.DRC | PCB1.lib | Sheet1.Sch | Sheet1.lib | Sheet1.ERC | Sheet1.XLS | Sheet1.xrf | Documents.rep | PCB1.REP |

```
Nets report For Documents\PCB1.PCB
On 1-Apr-2012  at 23:06:53

D1     Signal Layers Only   Length:186 mms

D10     Signal Layers Only   Length:79 mms

D11     Signal Layers Only   Length:35 mms

D12     Signal Layers Only   Length:50 mms

D2     Signal Layers Only   Length:178 mms

D3     Signal Layers Only   Length:141 mms

D4     Signal Layers Only   Length:200 mms

D5     Signal Layers Only   Length:225 mms

D6     Signal Layers Only   Length:235 mms

D7     Signal Layers Only   Length:298 mms

D8     Signal Layers Only   Length:149 mms

D9     Signal Layers Only   Length:58 mms

GND     Signal Layers Only   Length:199 mms
```

图 11-15 生成的网络状态报表

11.2.3 设计层次报表的生成

设计层次报表的功能是显示当前数据库文件的组织结构。生成设计层次报表的生成的操作过程如下。

打开要生成层次报表的功能的 PCB 文件，如数码管显示电路的 PCB1.PCB 图。执行菜单 Reports→Design Hierarchy 命令，系统开始自动生成设计层次报表，并自动打开，如图 11-16 所示。设计层次报表的扩展名为.rep。

| PCB1.DRC | PCB1.lib | Sheet1.Sch | Sheet1.lib | Sheet1.ERC | Sheet1.XLS | Sheet1.xrf | Documents.rep |

```
Design Hierarchy Report for F:\数码管显示电路\数码管显示电路.ddb

Documents
     PCB1.DRC
     PCB1.lib
     PCB1.PCB
     PCB1.REP
     Sheet1.ERC
     Sheet1.lib
     Sheet1.Sch
     Sheet1.cfg
     Sheet1.XLS
     Sheet1.xrf
```

图 11-16 生成的设计层次报表

11.2.4 Gerber 文件简单介绍

电子 CAD 文档一般指原始 PCB 设计文件，如 Protel 99 SE、PADS 等 PCB 设计文件，文件后缀一般为.PCB、.Sch，而对用户或企业设计部门，往往出于各方面的考虑，有时提供给生产制造部门电路板的都是 Gerber 文件。

　　Gerber 文件是所有电路设计软件都可以产生的一种文件格式，在电子组装行业又称为模板文件，在 PCB 制造业又称为光绘文件。可以说 Gerber 文件是电子组装业中最通用最广泛的文件格式。在标准的 Gerber 文件格式里面可分为 RS-274 与 RS-274X 两种，其不同之处在于：RS-274 格式中的 Gerber 文件与 Aperture 是分开的不同文件。RS-274X 格式的 Aperture 是整合在 Gerber file 中的，因此不需要 Aperture 文件(即内含 D 码)，一般目前国内厂家使用 RS-274X 比较多，也比较方便。

　　11.2.4～11.2.5 节的内容为选修。一般情况下，Gerber 文件不用设计者创建，设计者把 PCB 板设计好后，交给 PCB 板生产厂家，由生产厂家自己产生 Gerber 文件及数控钻孔文件。

11.2.5　输出 Gerber 文件

　　(1) 执行菜单 File→New 命令，打开 New Documents 对话框，如图 11-17 所示。选择 CAM output configurat(辅助制造输出文件)图标，单击 OK 按钮，弹出图 11-18 所示的对话框。

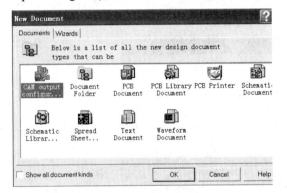

图 11-17　New Documents 对话框　　　　图 11-18　选择要生成 Gerber 文件的 PCB 文件

　　(2) 在图 11-18 中，选择要生成 Gerber 文件的 PCB 文件，单击 OK 按钮，弹出图 11-19 所示输出向导对话框，单击 Next 按钮，弹出图 11-20 所示选择输出类型对话框。

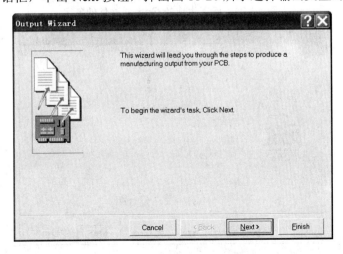

图 11-19　输出向导对话框

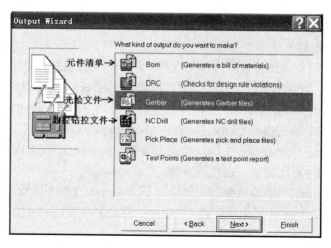

图 11-20　选择输出类型对话框

(3) 在图 11-20 所示的选择输出类型对话框中，选择 Gerber 类型，单击 Next 按钮，弹出图 11-21 所示对话框，要求输入生成的 Gerber 文件的名字，在此选默认名，单击 Next 按钮，弹出图 11-22 所示的产生 Gerber 文件说明对话框。

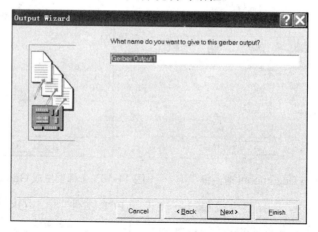

图 11-21　输入生成的 Gerber 文件的名字

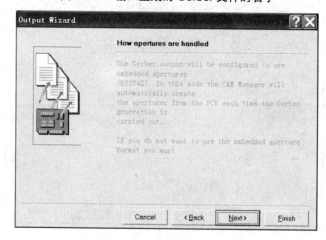

图 11-22　产生 Gerber 文件说明对话框

（4）在图 11-22 中，单击 Next 按钮，弹出 Gerber 文件设置对话框，如图 11-23 所示。在 Units 处，选择单位是英寸还是公制，在此选择 Inches(英寸)，而在格式处，有 2：3、2：4、2：5 这 3 种，这 3 种选择同样对应了不同的 PCB 生产精度，一般普通的设计者可以选择 2：4，如果精度要求高些，可以选择 2:5。设置好后单击 Next 按钮，弹出图 11-24 所示 Gerber 绘制输出层设置对话框。

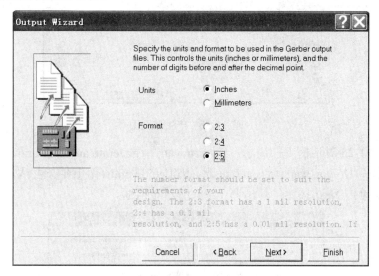

图 11-23 Gerber 文件设置对话框

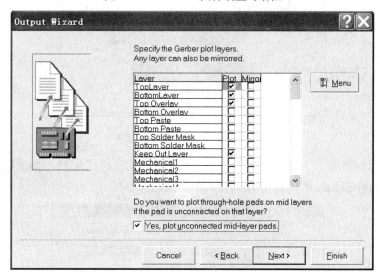

图 11-24 Gerber 绘制输出层设置

（5）图 11-24 中，进行 Gerber 绘制输出层设置，在此选择默认值：Top Layer(顶层)、Bottom Layer(底层)、Top Overlay(丝印层)、Keep Out Layer(边框层)。选中 Yes，plot unconnected mid-lay pads(焊盘不连接中间层)复选框，单击 Next 按钮，弹出图 11-25 所示对话框。

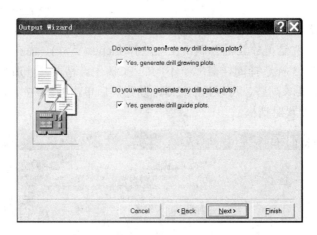

图 11-25　产生钻孔图

(6) 在图 11-25 对话框中，提示：Do you want to generate any drill drawing plots(你想要产生钻孔图吗)？Do you want to generate any drill guide plots(你想要产生钻孔指南吗)？选中两个复选框，单击 Next 按钮，弹出图 11-26 所示对话框。

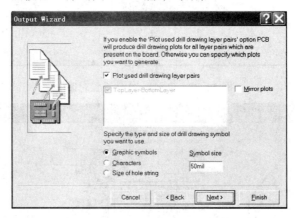

图 11-26　钻孔必须按层配对

(7) 在图 11-26 所示对话框中，确认钻孔必须按 PCB 板层配对，如顶层对底层。选默认值，单击 Next 按钮，弹出图 11-27 所示对话框。

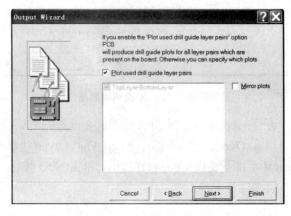

图 11-27　确认钻孔必须按层配对

(8) 图 11-27 所示对话框中，选默认值，单击 Next 按钮，弹出图 11-28 所示对话框。

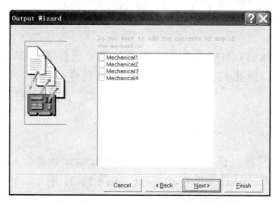

图 11-28 是否添加机械层

(9) 在图 11-28 所示对话框中，询问是否添加机械层，确认不添加，单击 Next 按钮。弹出图 11-29 所示向导完成对话框。

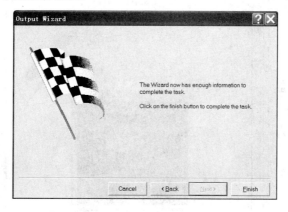

图 11-29 向导完成对话框

(10) 在图 11-29 所示向导完成对话框中，单击 Finish 按钮，Protel 99 SE 则开始自动生成 Gerber 文件，并且同时进入 CAM 编辑环境(图 11-30)，显示出刚才所生成的 Gerber 文件。

图 11-30 产生的 Gerber 文件

11.3　PCB 板的打印

设计完成印制电路板后，有时需要将它打印出来。在打印 PCB 板时要对打印机进行有关设置，先设置打印机，纸张的大小和方向等，然后再进行打印。PCB 板的打印操作过程如下。

11.3.1　预览打印效果

打开要打印的 PCB 文件，执行菜单 File→Print/Preview 命令，系统随即生成一个打印预览文件 Preview PCB1.PPC，且该文件自动打开，如图 11-31 所示，可以在此预览打印效果。

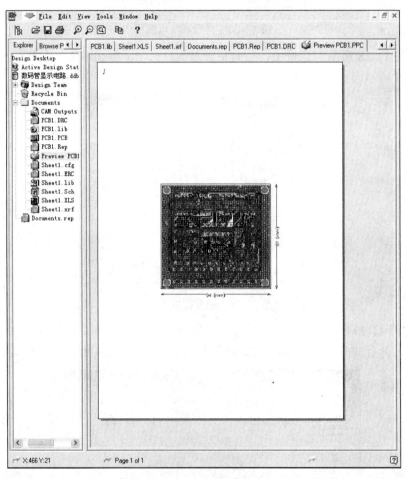

图 11-31　预览打印效果

11.3.2　打印设置

(1) 如果对打印效果不满意，可进行打印设置。执行菜单 File→Setup Printer 命令，弹出打印设置对话框，如图 11-32 所示，可以在该对话框中进行各种打印设置。

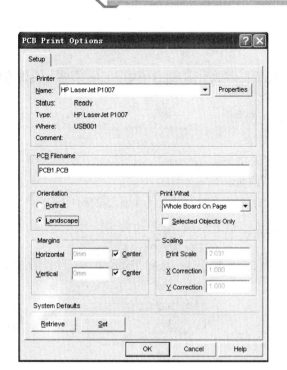

图 11-32   打印设置对话框

(2) 在图 11-32 中，Name 下拉列表框用于选择打印机(当计算机连接了多台打印机时)；PCB Filename 框显示了要打印的 PCB 文件；Orientation 选项组有 Portrait(纵向)和 Landscape(横向)两种打印方向供选择；在 Print What 的下拉列表框中可选择打印的对象，下拉列表框中有 Standard(标注形式)、Whole Board On Page(整个印制电路板打印在一页上)和 PCB Screen Region(PCB 区域) 3 种选择。

其他项主要用于设置边界和打印比例。按图 11-32 所示设置完成后，单击 OK 按钮结束打印设置，显示图 11-33 的预览打印效果。

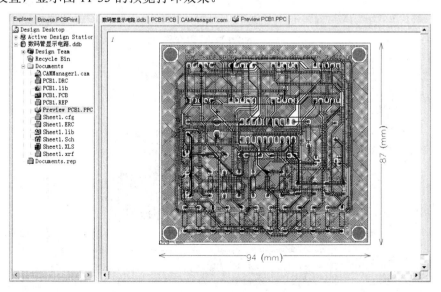

图 11-33   预览打印效果

11.3.3　打印

对图 11-33 所示的预览打印效果满意后，执行 File 菜单下的相关打印命令，打印机便开始打印 PCB 板。

Print All：打印所有的图形。

Print Job：打印操作对象。

Print Page：打印指定的页面。

Print Current：打印当前页。

如果是图 11-33 所示的预览效果，以上 4 个选项的打印效果一样。

11.3.4　特殊的打印模式(方式 1)

在打印预览文件处于打开的情况下，选择 Tools 菜单，可以看到如图 11-34 所示的一些特殊打印模式命令。

图 11-34　Tools 菜单下的一些特殊打印模式命令

(1) Create Final：该命令主要用于分层打印。执行 Create Final 命令，显示 Confirm Create Print-Set 对话框，单击 Yes 按钮，显示图 11-35 所示对话框，执行 File→Print Current 命令，即可打印当前层。

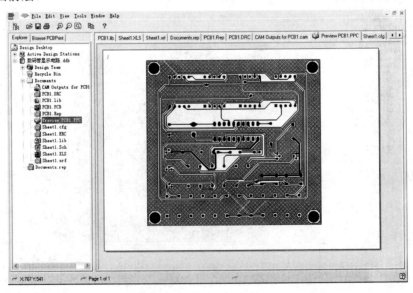

图 11-35　预览顶层对话框

（2）执行 Create Composite 命令的预览打印效果如图 11-36 所示。

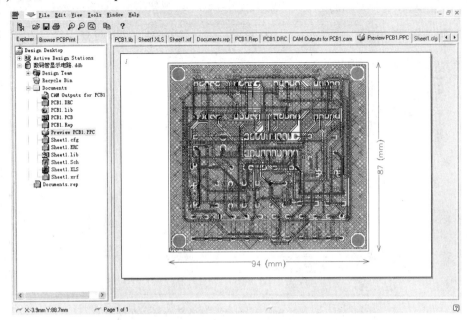

图 11-36　Create Composite 命令的预览打印效果

（3）执行 Create Power-Plane Set 命令的预览打印效果如图 11-37 所示。

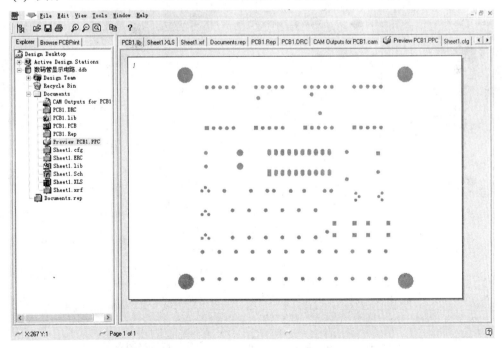

图 11-37　Create Power-Plane Set 命令的预览打印效果

（4）执行 Create Drill Drawings 命令的预览打印效果如图 11-38 所示。

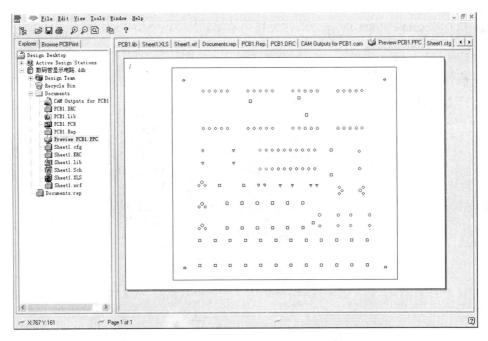

图 11-38　Create Drill Drawings 命令的预览打印效果

(5) 执行 Create Assembly Drawings 命令的打印预览效果如图 11-39 所示。

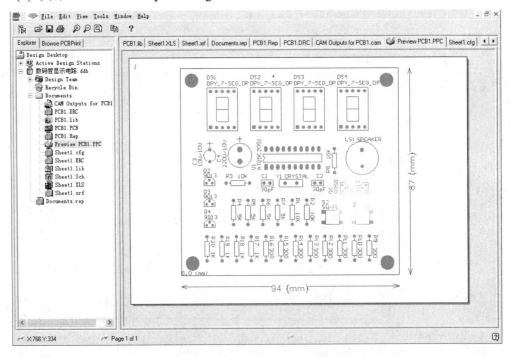

图 11-39　Create Assembly Drawings 命令的预览打印效果

(6) 执行 Create Composite Drill Guide 命令的预览打印效果如图 11-40 所示。

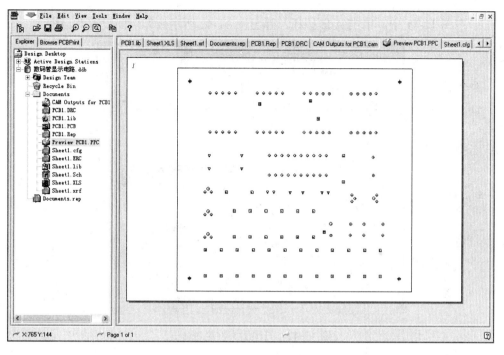

图 11-40　Create Composite Drill Guide 命令的预览打印效果

11.3.5　特殊的打印模式(方式 2)

如果想打印 PCB 板的任意一层，可采用另一种方法：在打印输出中指明层面。

打开 Preview PCB1.PPC 文件，如果想只打印顶层丝印层，进行如下操作。

(1) 执行菜单 Edit→Insert Printout 命令，弹出图 11-41 所示增/减打印层面对话框。

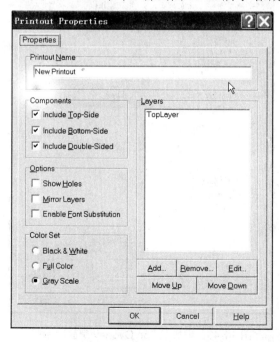

图 11-41　增/减打印层面对话框

(2) 在图 11-41 中，单击 Add 按钮，弹出图 11-42 所示打印层面设置对话框。

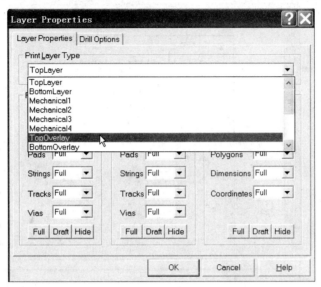

图 11-42　打印层面设置对话框

(3) 在图 11-42 中的 Print Layer Type 栏，选择需要打印的层，如选择 Top Overlay(顶层丝印层)，单击 OK 按钮，关闭该对话框，回到图 11-43 所示对话框，把不需要打印的层，如 Top Layer 选中，单击 Remove 按钮删除，弹出 Confirm Delete Print Layer(确认删除层的对话框)，单击 Yes 按钮，关闭确认对话框，回到图 11-43 所示对话框，再单击 Close 按钮，即显示要打印的层面(Top Overlay)，如图 11-44 所示。

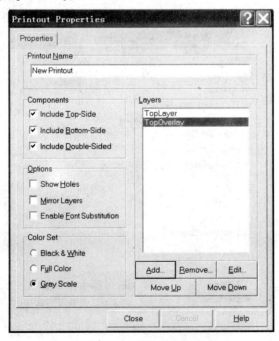

图 11-43　增加了 Top Overlay 层面对话框

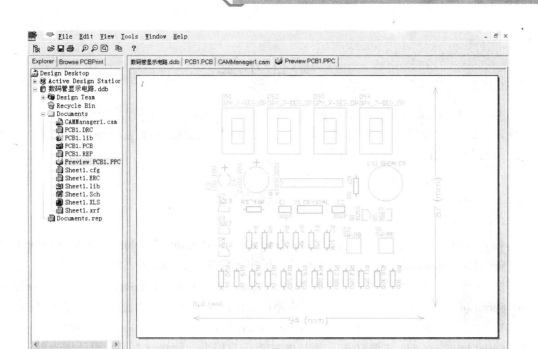

图 11-44　预览要打印的 Top Overlay 层面

(4) 在图 11-44 中，再执行菜单 File→Print Current 命令，即可将当前显示的页面打印出来。

11.4　项 目 实 训

实训目的

(1) 熟悉元件清单表 BOM 的生成。

(2) 了解电路原理图的打印。

(3) 熟悉交叉参考元件表及层次项目组织表的生成。

(4) 熟悉 PCB 板信息报表的生成。

(5) 熟悉网络状态表及设计层次表的生成。

(6) 熟悉 PCB 板的打印，会打印 PCB 板任意一层。

实训任务

(1) 用数码管显示电路原理图产生元件清单表 BOM。

(2) 产生数码管显示电路原理图的交叉参考元件表及层次项目组织表。

(3) 生成数码管显示电路 PCB 板信息报表。

(4) 生成数码管显示电路 PCB 板网络状态表。

(5) 生成数码管显示电路 PCB 板设计层次表。

(6) 分别预览数码管显示电路 PCB 板的顶层、底层、丝印层。

项 目 小 结

本项目介绍电路原理图信息的输出，元件清单表的产生，电路原理图的打印。PCB 板方面，介绍了 PCB 板信息报表的生成，网络状态报表的生成，设计层次报表的生成，简单介绍了 Gerber 文件，PCB 板的打印。

学习思考题

1. 将 Protel 99 SE 安装目录下的 D:\Program Files\Design Explorer 99 SE\Examples\4 Port Serial Interface.ddb 文件打开，用原理图输出元件清单表 BOM。

2. 将 Protel 99 SE 安装目录下的 D:\Program Files\Design Explorer 99 SE\Examples\4 Port Serial Interface.ddb 文件打开，产生电路原理图的交叉参考元件表及层次项目组织表。

3. 将 Protel 99 SE 安装目录下的 D:\Program Files\Design Explorer 99 SE\Examples\4 Port Serial Interface.ddb 文件打开，产生 PCB 板信息报表、网络状态表、设计层次表。

4. 将 Protel 99 SE 安装目录下的 D:\Program Files\Design Explorer 99 SE\Examples\4 Port Serial Interface.ddb 文件打开，分别预览 PCB 板的顶层、底层、丝印层。

项 目 12

层次原理图及其 PCB 设计

教学目标

(1) 熟练掌握自上而下层次电路图设计。

(2) 熟练掌握自下而上层次电路图设计。

(3) 熟练掌握层次电路图的 PCB 设计。

教学要求

能力目标	相关知识	权重
自上而下层次电路图设计	Place→Sheet Symbol 命令 Place→Add Sheet Entry 命令 由方块图生成电路原理子图 层次原理图的切换	35%
自下而上层次电路图设计	子电路图设计，并在子电路图中放置连接电路的输入/输出端口 Design→Creat Sheet Symbol From Sheet 命令 各方块图之间的连线	35%
层次电路图的 PCB 设计	检查每个元件的封装是否正确，创建元器件的封装库 原理图内，执行 Tools→ERC 命令 Design→Update PCB 命令 PCB 设计	30%

▶ 任务描述

本书前面介绍的常规电路图设计方法是将整个原理图绘制在一张原理图纸上，这种设计方法对于规模较小、结构简单的电路图的设计提供了方便。但当设计大型、系统复杂的电路原理图时，若将整个图纸设计在一张图纸上，就会使图纸变得过分复杂不利于分析和检错，同时也难于多人参与系统设计。

Protel 99 SE 支持设计复杂电路的方法，例如层次设计等，在增强了设计的规范性的同时，减少了设计者的劳动量，提高了设计的可靠性。本项目将以电机驱动电路为例介绍层次原理图设计的方法。它将涵盖以下主题。

(1) 自上而下层次原理图设计。

(2) 自下而上层次原理图设计。

(3) 电机驱动电路的 PCB 设计。

12.1 层次设计

对于一个庞大和复杂的电子项目的设计系统，最好是尽量将其按功能分解成相对独立的模块进行设计，这样的设计方法会使电路描述的各个部分功能更加清晰。同时还可以将各独立部分分配给多个工程人员，让他们独立完成，这样可以大大缩短开发周期，提高模块电路的复用性，加快设计速度。采用这种方式后，对单个模块设计的修改可以不影响系统的整体设计，提高了系统的灵活性。

为了适应电路原理图的模块化设计，Protel 99 SE 提供了层次原理图设计方法。所谓层次化设计，是指将一个复杂的设计任务分派成一系列有层次结构的、相对简单的电路设计任务。把相对简单的电路设计任务定义成一个模块(或方块)，顶层图纸内放置各模块(或方块)，下一层图纸放置各模块(或方块)相对应的子图，子图内还可以放置模块(或方块)，模块(或方块)的下一层再放置相应的子图，这样一层套一层，可以定义多层图纸进行设计。这样做还有一个好处，就是每张图纸不是很大，可以方便用小规格的打印机来打印图纸(如A4 图纸)。

Protel 99 SE 支持"自上而下"和"自下而上"这两种层次电路设计方式。所谓自上而下设计，就是按照系统设计的思想，首先对系统最上层进行模块划分，设计包含子图符号的父图(方块图)，标示系统最上层模块(方块图)之间的电路连接关系，接下来分别对系统模块图中的各功能模块进行详细设计，分别细化各个功能模块的电路实现(子图)。自顶向下的设计方法适用于较复杂的电路设计。与之相反，当进行自下而上设计时，则预先设计各子模块(子图)，接着创建一个父图(模块或方块图)，将各个子模块连接起来，成为功能更强大的上层模块，完成一个层次的设计，经过多个层次的设计后，直至满足项目要求。

层次电路图设计的关键在于正确地传递各层次之间的信号。在层次原理图的设计中，信号的传递主要通过电路方块图、方块图输入/输出端口、电路输入/输出端口来实现，它们之间有着密切的联系。

　　层次电路图的所有方块图符号都必须有与该方块图符号相对应的电路图(该图称为子图)存在，并且子图符号的内部也必须有子图输入输出端口。同时，在与子图符号相对应的方块图中也必须有输入/输出端口，该端口与子图符号中的输入/输出端口相对应，且必须同名。在同一项目的所有电路图中，同名的输入/输出端口(方块图与子图)之间，在电气上是相互连接的。

　　本节将以电机驱动电路为实例，介绍使用 Protel 99 SE 进行层次设计的方法。

　　图 12-1 是电机驱动电路的原理图(图纸的图幅是 A3)，虽然该电路不是很复杂，不用层次原理图设计的方法都可以完成 PCB 板的设计任务，但还是以它为例，介绍层次原理图的设计方法。

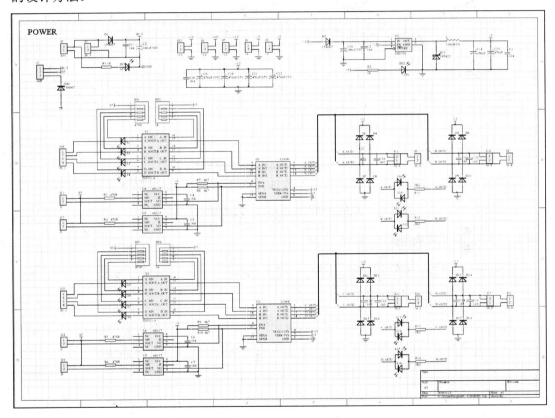

图 12-1　电机驱动电路原理图(图纸幅面 A3)

　　从图 12-1 可以看出，可以把整个图纸分成上、中、下 3 个部分，其中，中部分和下部分是相同的。将该图分成 6 个子图，如图 12-2 所示。

　　先用子图 1、子图 2 练习自上而下的层次原理图设计。

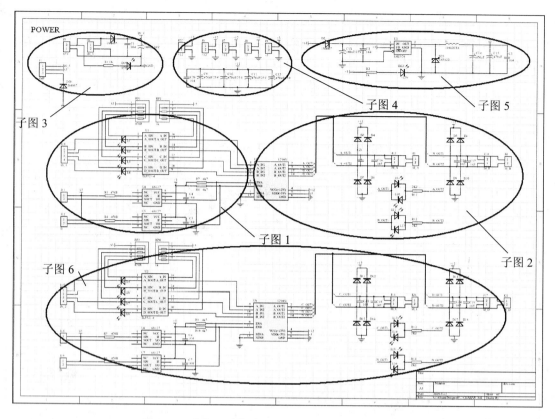

图 12-2 电机驱动电路原理图，把该图分成 6 个子图

12.1.1 自上而下层次电路图设计

自上而下的层次电路设计操作步骤如下。

1. 建立一个数据库文件

首先在硬盘上建立一个"层次原理图设计"的文件夹。启动 Protel 99 SE，用已熟悉的方法建立一个"层次原理图设计.ddb"数据库文件并把它保存在"层次原理图设计"的文件夹下。

2. 画一张主电路图(如 Main_top.Sch)来放置方块图(Sheet Symbol)符号

(1) 执行主菜单 File→New 命令，弹出 New Document 对话框，选择 Schematic Document 图标，单击 OK 按钮，新建一个默认名称为 Sheet1.Sch 的空白原理图文档。

(2) 将原理图文件另存为 Main_top.Sch，执行菜单 Design→Options 命令，弹出 Document Options 对话框，将设计图纸的尺寸设为 A4，Grids 的 Snap On 设置为 5，Electrical Grid 设置为 4，其他设置采用默认值。

(3) 单击 WiringTools 工具栏中的添加方块图符号工具按钮 ▨ ，或者在主菜单中选择 Place→Sheet Symbol 命令。

(4) 按键盘上的 Tab 键，打开图 12-3 所示的 Sheet Symbol 对话框。

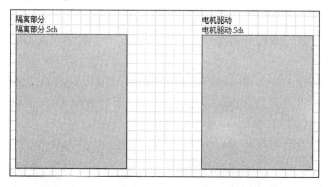

图 12-3　Sheet Symbol 对话框

对 Sheet Symbol 对话框进行说明如下。

Name(图纸的名称)：用于设置方块图所代表的图纸的名称。

Filename(图纸的文件名)：用于设置方块图所代表的图纸的文件全名(包括文件的后缀)，以便建立起方块图与原理图(子图)文件的直接对应关系。

(5) 在 Sheet Symbol 对话框的 Filename 编辑框内输入"隔离部分.Sch"，在 Name 编辑框中输入"隔离部分"，单击 OK 按钮，结束方块图符号的属性设置。

(6) 在原理图上合适的位置单击，确定方块图符号的一个顶角位置，然后拖动鼠标，调整方块图符号的大小，确定后再单击，在原理图上插入方块图符号。

(7) 目前还处于放置方块图状态，按 Tab 键，弹出 Sheet Symbol 对话框，在 Filename 编辑框内输入"电机驱动.Sch"，在 Name 处输入"电机驱动"，在重复步骤(6) 在原理图上插入第二个方块图(方框图)符号，如图 12-4 所示。

图 12-4　放入两个方块图符号后的上层原理图

3. 在方块图内放置端口

(1) 单击 WiringTools 工具栏中的添加方块图输入/输出端口工具按钮 ，或者在主菜单中选择 Place→Add Sheet Entry 命令。

(2) 把光标移入隔离部分的方块图内，按鼠标左键，光标上悬浮着一个端口，按 Tab 键，打开图 12-5 所示的 Sheet Entry 对话框。

在该对话框内，几个英文的含义如下。

端口的名称(Name)：识别端口的标识。应将其设置为与对应的子电路图上对应端口的名称相一致。

端口的输入/输出类型(I/O Type)：表示信号流向的确定参数。它们分别是未指定的(Unspecified)、输出端口(Output)、输入端口(Input)和双向端口(Bidirectional)。

端口位置(Side)：用于设置端口在方块图中的位置。

端口类型(Style):用来表示信号的传输方向。

(3) 在 Sheet Entry 对话框的 Name 编辑框中输入 A_OUT，作为方块图端口的名称。

(4) 在 I/O Type 下拉列表中选择 Output 项，将方块图端口设为输出口(图 12-6)。

(5) 在 Style 下拉列表中选择 Right 项，单击 OK 按钮。

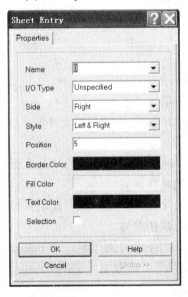
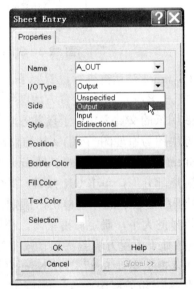

图 12-5　Sheet Entry 对话框　　图 12-6　在 Sheet Entry 对话框内设置端口 A_OUT 为输出端口

(6) 在隔离部分方块图符号右边一侧单击，布置一个名为"A_OUT"的方块图输出端口，如图 12-7 所示。

(7) 此时光标仍处于放置端口状态，按 Tab 键，再打开 Sheet Entry 对话框，在 Name 编辑框中输入 B_OUT，在 I/O Type 下拉菜单中选择 Output 项，在 Style 下拉列表中选择 Right 项，单击 OK 按钮。

(8) 在隔离部分方块图符号靠右侧单击，再布置一个名为 B_OUT 的方块图输出端口。

(9) 重复步骤(7)～(8)，完成 C_OUT、D_OUT、VO4、VO5、S5、+5V、GND 输入/输出端口的放置(图 12-8)，各端口的类型见表 12.1。

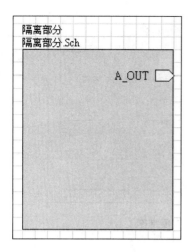

图 12-7 布置的方块图端口

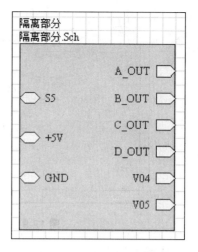

图 12-8 布置完端口的方块图

表 12.1   端口名称和类型

方块图名称	端口名称	端口输入/输出类型	端口类型
隔离部分	A_OUT	Output	Right
隔离部分	B_OUT	Output	Right
隔离部分	C_OUT	Output	Right
隔离部分	D_OUT	Output	Right
隔离部分	VO4	Output	Right
隔离部分	VO5	Output	Right
隔离部分	S5	Bidirectional	Left & Right
隔离部分	+5V	Unspecified	Left & Right
隔离部分	GND	Unspecified	Left & Right
电机驱动	A_IN1	Input	Right
电机驱动	A_IN2	Input	Right
电机驱动	B_IN1	Input	Right
电机驱动	B_IN2	Input	Right
电机驱动	ENA	Input	Right
电机驱动	ENB	Input	Right
电机驱动	+12V	Unspecified	Left & Right
电机驱动	+5V	Unspecified	Left & Right
电机驱动	GND	Unspecified	Left & Right

(10) 采用步骤(1)~(5)介绍的方法，再在"电机驱动"方块图符号中添加 6 个输入、电源和地的端口，在电机驱动的方块图中各端口名称、端口类型(表 12.1) 。布置完端口后的上层原理图如图 12-9 所示。

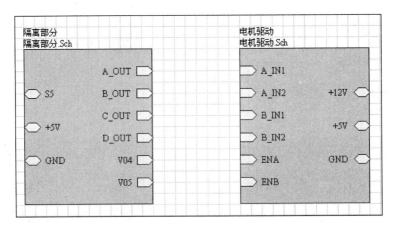

图 12-9　布置完端口后的上层原理图

4. 方块图之间的连线(Wire)

在 WiringTools 工具栏上单击 按钮，或者在主菜单中选择 Place→Wire 命令，绘制连线，完成的子图 1、子图 2 相对应的方块图隔离部分、电机驱动的上层原理图如图 12-10 所示。

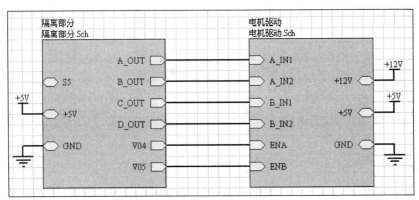

图 12-10　连接好的上层方块图

5. 由方块图生成电路原理子图

(1) 在主菜单中选择 Design→Create Sheet From Symbol 命令，如图 12-11 所示。

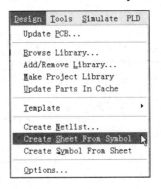

图 12-11　选择 Design→Create Sheet From Symbol 命令

(2) 单击隔离部分方块图符号，弹出 Confirm 确认对话框，单击 Yes 按钮，系统自动在"层次原理图设计.ddb"数据库的原理图 Main_top.Sch 文件下新建一个名为"隔离部分.Sch"的原理图文件，置于 Main_top.Sch 原理图文件下层，如图 12-12 所示。在原理图文件"隔离部分.Sch"中自动布置了图 12-13 所示的 9 个端口，该端口中的名字与方块图中的一致。

图 12-12　系统自动创建的名为隔离部分.Sch 的原理图文件

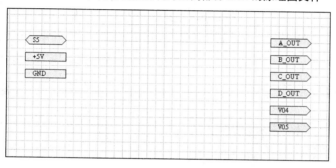

图 12-13　在"隔离部分.Sch"的原理图自动生成的端口

　　(3) 在新建的"隔离部分.Sch"原理图中绘制图 12-14 所示的原理图。该原理图即是图 12-2 椭圆所框的子图 1。

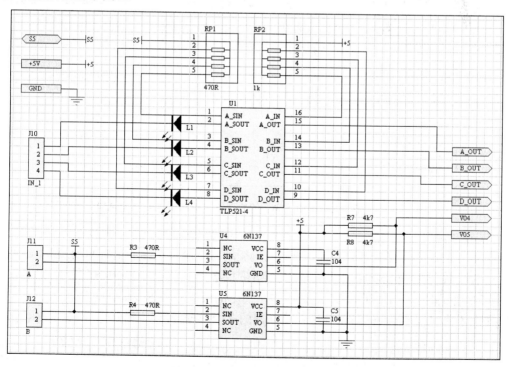

图 12-14　隔离部分方块图所对应的下一层"隔离部分.Sch"原理图

至此，完成了上层方块图隔离部分与下一层"隔离部分.Sch"原理图之间的一一对应的联系。父层(上层)与子层(下一层)之间的联系，靠上层方块图中的输入、输出端口，与下一层的电路图中的输入、输出端口进行联系。如上层方块图中有 A_OUT 等 6 个端口，在下层的原理图中也有 A_OUT 等 6 个端口，名字相同的端口就是一个点，这样上层和下一层就建立起了联系。

现在来完成上层方块图电机驱动与下一层"电机驱动.Sch"的原理图之间的一一对应关系。

(1) 选中工作窗口上方的 Main_top.Sch 文件标签，将其在工作窗口中打开。

(2) 在主菜单中选择 Design→Create Sheet From Sheet Symbol 命令。

(3) 单击电机驱动方块图符号，弹出 Confirm 确认对话框，如图 12-15 所示，单击 Yes 按钮，系统自动在"层次原理图设计.ddb"数据库的原理图 Main_top.Sch 文件下新建一个名为"电机驱动.Sch"的原理图文件，置于 Main_top.Sch 原理图文件下层，如图 12-16 所示。

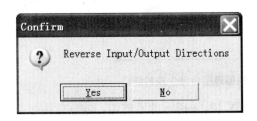

图 12-15　Confirm 对话框　　　　图 12-16　新建的名为"电机驱动.Sch"的原理图

(4) 在"电机驱动.Sch"原理图文件中，自动产生了图 12-17 所示的 9 个端口。

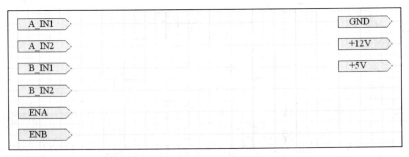

图 12-17　在"电机驱动.Sch"的原理图中自动建立的 9 个端口

(5) 在"电机驱动.Sch"原理图文件中，完成图 12-18 所示的电路原理图。

至此，完成了上层原理图中的方块图电机驱动与下层原理图"电机驱动.Sch"之间一一对应的联系。"电机驱动.Sch"原理图就是图 12-2 所示的原理图中的子图 2。这样，就用图 12-2 所示的子图 1、子图 2，完成了自上而下的层次原理图设计。

在主菜单中选择 File→Save 命令，将新建的 3 个原理图文件和按照其原名保存。

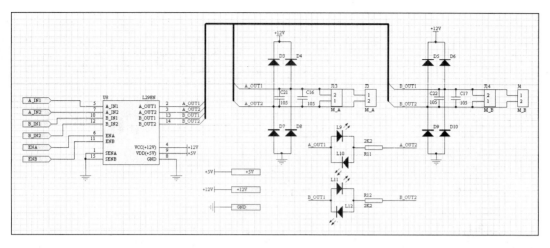

图 12-18　"电机驱动.Sch"原理图(子图 2)

 特别提示

在用层次原理图方法绘制电路原理图中，系统总图中每个模块的方块图中都给出了一个或多个表示连接关系的电路端口，这些端口在下一层电路原理图中也有相对应的同名端口，它们表示信号的传输方向也一致。Protel 99 SE 使用这种表示连接关系的方式构建了层次原理图的总体结构，层次原理图可以进行多层嵌套。

6. 层次原理图的切换

(1) 上层(方块图)→下层(子原理图)，在主工具栏单击层次切换工具按钮 ⬆⬇或在主菜单中选择 Tools→Up/Down Hierarchy 命令，光标变成"十"字形，选中某一方块图，单击即可进入下一层原理图。

(2) 下层(子原理图)→上层(方块图)，在工具栏单击层次切换工具按钮 ⬆⬇或在主菜单中选择 Tools→Up/Down Hierarchy 命令，光标变成"十"字形，将光标移动到子电路图中的某一个连接端口并单击即可回到上层方块图。

注意：一定要单击原理图中的连接端口，否则回不到上一层图。

12.1.2　自下而上的层次电路图设计

Protel 99 SE 还支持传统的自下而上的层次电路图设计方法,本节将采用图 12-2 所示的子图 3、子图 4、子图 5，练习自下而上的设计方法，为电机驱动电路添加电源。

(1) 完成各个子电路图(如 sub3.sch、sub4.sch、sub5.sch)，并在各子电路图中放置连接电路的输入/输出端口。

① 启动 Protel 99 SE，打开上一节中创建的上层原理图文件 Main_top.Sch。

② 执行主菜单 File→New 命令,弹出 New Document 对话框,选择 Schematic Document 图标，单击 OK 按钮，新建一个默认名称为 Sheet1.Sch 的空白原理图文档。将它改名为 Sub3.Sch，如图 12-19 所示。

③ 在 Sub3.Sch 原理图文档中绘制图 12-20 所示的电路。

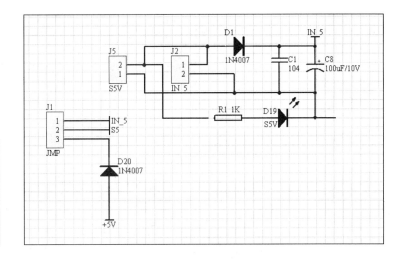

图 12-19　新建"Sub3.Sch"　　　　　　　　图 12-20　子图 3(Sub3.Sch)
　　　　　文档

④ 在 Sub3.Sch 电路图中放置与其他电路图连接的输入/输出端口，单击工具栏中的按钮 ，或在主菜单栏选择 Place→Port 命令，鼠标上悬浮着一个端口，按 TAB 键弹出 Port Properties 对话框，如图 12-21 所示，在 Name 编辑框输入端口的名字：IN_5，在 Style 编辑框选择 Left & Right，在 I/O Type 编辑框选择 Unspecified，单击 OK 按钮，在需要的位置按鼠标左键确定端口的左边点，在端口长度确定后，再按鼠标左键确定端口的右边点。

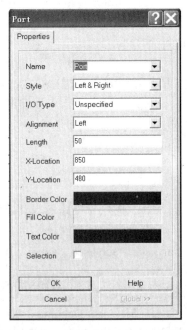

图 12-21　Port Properties 对话框

⑤ 按步骤④放置端口：+5V、SGND、S5 这 3 个端口的 Style 编辑框选择 Left & Right；+5V、SGND 这两个端口的 I/O Type 都选择 Unspecified；S5 端口的 I/O Type 选择 Bidirectional。放置完端口的电路图如图 12-22 所示。

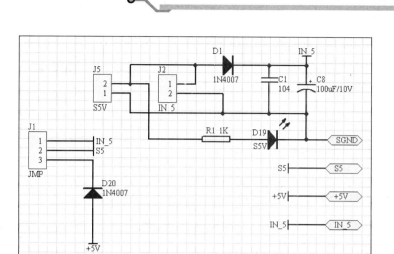

图 12-22　放置端口的电路图

(2) 从下层原理图产生上层方块图。

① 如果没有上层电路图文档，就要产生一张电路图文档。在本例中，已有主电路图文档 Main_top.Sch，所以用步骤②，打开它即可。

② 双击设计管理器 Main_top.Sch 文件的名称，在工作区打开该文件。注意：一定要打开该文件，并在打开该文件的窗口下执行步骤③。

③ 在主菜单中选择 Design→Creat Sheet Symbol From Sheet 命令，打开图 12-23 所示的 Choose Document to Place 对话框。

图 12-23　Choose Document to Place 对话框

④ 在 Choose Document to Place 对话框中选择 Sub3.Sch 文件，单击 OK 按钮，弹出 Confirm 对话框，单击 Yes 按钮，回到 Main_top.Sch 窗口中，鼠标处悬浮着一个方块图，如图 12-24 所示，在适当的位置，按鼠标左键，把方块图放置好(图 12-25) 。

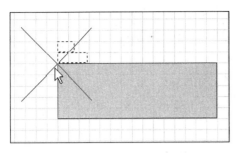

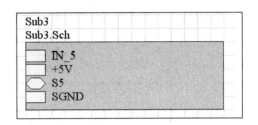

图 12-24　鼠标处"悬浮"的方块图符号　　　　图 12-25　放置好的方块图符号

(3) 重复步骤(1) ①②③④⑤、(2) ②③④完成子图 4(Sub4.Sch)及子图 4 的方块图，和子图 5(Sub5.Sch)及子图 5 的方块图。

(4) 完成后的子图 4(Sub4.Sch)、子图 5(Sub5.Sch)的电路图分别如图 12-26、图 12-27 所示。

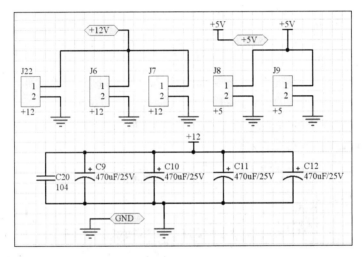

图 12-26　子图 4(Sub4.Sch)

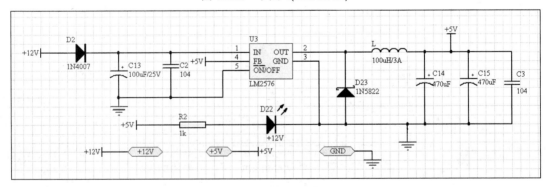

图 12-27　子图 5(Sub5.Sch)

(5) 完成子图 3、子图 4、子图 5 的方块图，如图 12-28 所示。

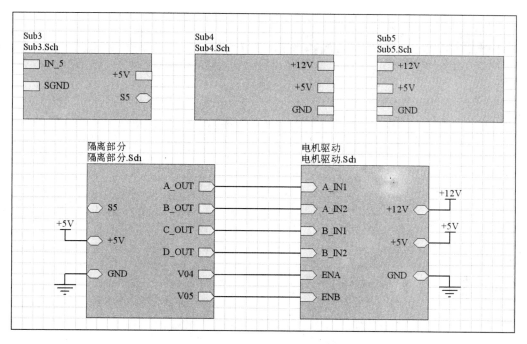

图 12-28　上层方块图

(6) 再看图 12-2，还有子图 6 的没有完成，子图 6 即可用自上而下的方法完成，也可以用自下而上的方法完成。

① 如果用自下而上的方法，放置完电路输入/输出的端口的电路如图 12-29 所示。

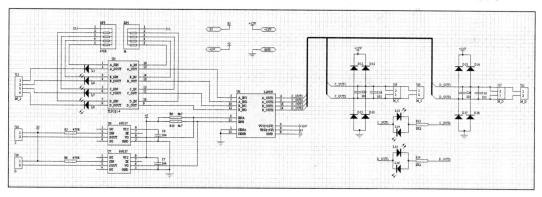

图 12-29　子图 6(Sub6.Sch)

② 双击设计管理器 Main_top.Sch 文件的名称，在工作区打开该文件，在主菜单中选择 Design→Creat Sheet Symbol From Sheet 命令，打开 Choose Document to Place 对话框。选择 Sub6.Sch 文件，弹出 Confirm 对话框，单击 Yes 按钮，回到 Main_top.Sch 窗口中，鼠标处悬浮着一个方块图。在 Main_top.Sch 中的合适位置，按鼠标左键，放置好方块图。放置好 6 个方块图的 Main_top.Sch 电路如图 12-30 所示。

(7) 在主电路图(Main_top.Sch)内连线，在连线过程中，可以用鼠标移动方块图内的端口(端口可以在方块图的上、下、左、右 4 个边上移动)，也可改变方块图的大小，完成后的主电路图(Main_top.Sch)如图 12-31 所示。

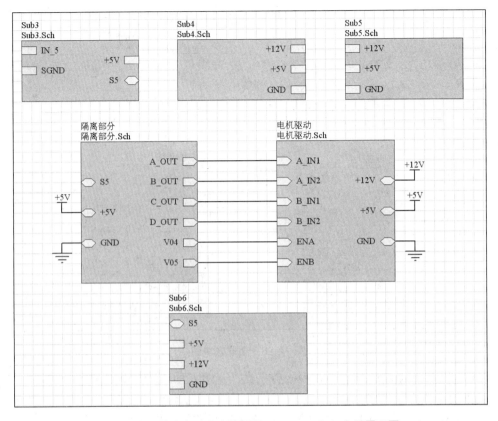

图 12-30　放置完 6 个方块图的 Main_top.Sch 上层原理图

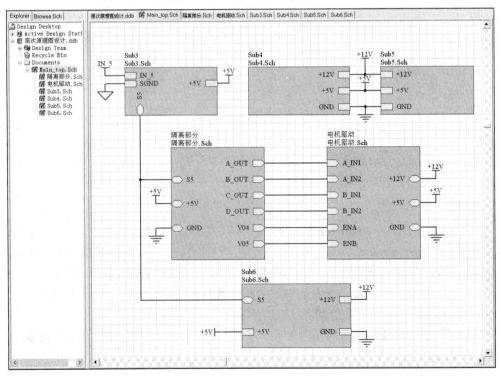

图 12-31　绘制完成的上层方块图

(8) 执行菜单 File→Save All 命令，保存所有的文件。

至此，采用自上而下、自下而上的层次设计方法设计电机驱动电路过程结束。图 12-2 所示的电路原理图，可以用图 12-31 所示的层次原理图代替，6 个方块图分别代表 6 个子图，它们的数据要转移到一块电路板里，设计 PCB 板的过程与单张原理图差不多，唯一的区别是在编译原理图的时候，必须在顶层。下面简单介绍设计电机驱动电路的 PCB 板过程。

12.1.3　层次电路图的 PCB 设计

在一个数据库里，不管是单张电路图，还是层次电路图，有时都会把所有电路图的数据转移到一块 PCB 板里，所以没用的电路图子图必须删除。

(1) 执行主菜单 File→New 命令，弹出 New Document 对话框，选择 PCB Document 图标，单击 OK 按钮，新建一个默认名称为 PCB1.PCB 文档，把它另存为"电机驱动电路.PCB"。

(2) 执行菜单 View→Toggle Units 命令，把单位改为公制(mm)，按 G 键，将 Grid 设为 0.500mm。

(3) 绘制一个 PCB 板的板框，选择 Keep-Out Layer 层，画出长 80mm、高 110mm 的边框。执行 Place→Line 命令，单击(30mm，30mm)、(110mm，30mm)、(110mm，140mm)、(30mm，140mm)、(30mm，30mm)点绘出 PCB 板布线区域。在一个角上绘制一个半径 2mm 的圆弧，然后把该圆弧复制 3 个放在每个角上，把每个角上多余的线删除，让 PCB 边框的 4 个角变成圆角，如图 12-32 所示。

图 12-32　PCB 板边框

(4) 打开每个原理子图，检查每个元器件的封装是否正确，创建元器件的封装库。

(5) 打开原理图 Main_top.Sch，检查原理图 Main_top.Sch 有无错误，执行 Tools→ERC 命令。产生图 12-33 所示的 Main_top.ERC 报告文件。

从图 12-33 中看出，每张原理图的 Sheet Numbers 相同。回到执行原理图 Main_top.Sch 窗口下，执行 Design→Options 命令，弹出 Document Options 对话框，在每张原理图的 Sheet No.处分别输入 1、2、3、4、5、6、7，而在每张原理图的 Sheet total 处输入 7，并在 Title 处输入每张原理图的名字。

重新编译，没有错误，则进行以下操作。

(6) 执行 Design 菜单下的 Update PCB 命令。出现图 12-34 所示的 Update Design 对话框。在 Update Design 对话框中，取消选中 Generate component class for all schmatic sheets in project 复选框前的"√"，其他选默认值，然后单击 Execute(执行)按钮。

| 层次原理图设计.ddb | Main_top.Sch | 隔离部分.Sch | 电机驱动.Sch | Sub3.Sch | Sub4.Sch | Sub5.Sch | Sub6.Sch | Main_top.ERC |

```
Error Report For : Documents\Main_top.Sch    3-Apr-2012    16:41:15

#1 Error     Duplicate Sheet Numbers 0 Main_top.Sch And 隔离部分.Sch
#2 Error     Duplicate Sheet Numbers 0 Main_top.Sch And 电机驱动.Sch
#3 Error     Duplicate Sheet Numbers 0 Main_top.Sch And Sub3.Sch
#4 Error     Duplicate Sheet Numbers 0 Main_top.Sch And Sub4.Sch
#5 Error     Duplicate Sheet Numbers 0 Main_top.Sch And Sub5.Sch
#6 Error     Duplicate Sheet Numbers 0 Main_top.Sch And Sub6.Sch
#7 Error     Duplicate Sheet Numbers 0 隔离部分.Sch And 电机驱动.Sch
#8 Error     Duplicate Sheet Numbers 0 隔离部分.Sch And Sub3.Sch
#9 Error     Duplicate Sheet Numbers 0 隔离部分.Sch And Sub4.Sch
#10 Error    Duplicate Sheet Numbers 0 隔离部分.Sch And Sub5.Sch
#11 Error    Duplicate Sheet Numbers 0 隔离部分.Sch And Sub6.Sch
#12 Error    Duplicate Sheet Numbers 0 电机驱动.Sch And Sub3.Sch
#13 Error    Duplicate Sheet Numbers 0 电机驱动.Sch And Sub4.Sch
#14 Error    Duplicate Sheet Numbers 0 电机驱动.Sch And Sub5.Sch
#15 Error    Duplicate Sheet Numbers 0 电机驱动.Sch And Sub6.Sch
#16 Error    Duplicate Sheet Numbers 0 Sub3.Sch And Sub4.Sch
#17 Error    Duplicate Sheet Numbers 0 Sub3.Sch And Sub5.Sch
#18 Error    Duplicate Sheet Numbers 0 Sub3.Sch And Sub6.Sch
#19 Error    Duplicate Sheet Numbers 0 Sub4.Sch And Sub5.Sch
#20 Error    Duplicate Sheet Numbers 0 Sub4.Sch And Sub6.Sch
#21 Error    Duplicate Sheet Numbers 0 Sub5.Sch And Sub6.Sch

End Report
```

图 12-33   Main_top.ERC 报告文件

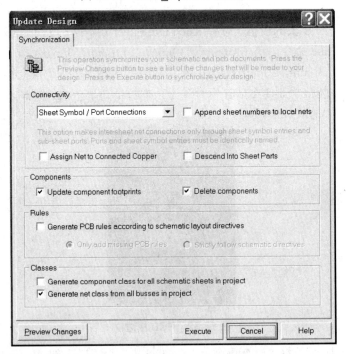

图 12-34   Update Design 对话框

(7) 如果弹出 Confirm 对话框，如图 12-35 所示，则表示：元器件封装库中存在问题，你要继续吗？建议单击 Yes 按钮，待调入后，在 PCB 中选择"显示全部元件"命令，看看到底丢了哪些原理图中的零件。

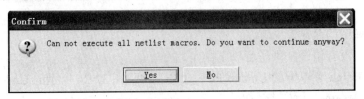

图 12-35   Confirm 对话框

(8) 如果没有弹出 Confirm 对话框，则表示原理图信息更新到 PCB 后，完全正确。进入 PCB 编辑界面，执行 View→Fit Board 命令(显示整个 PCB 板)，弹出图 12-36 所示界面，显示导入 PCB 中的所有元器件。

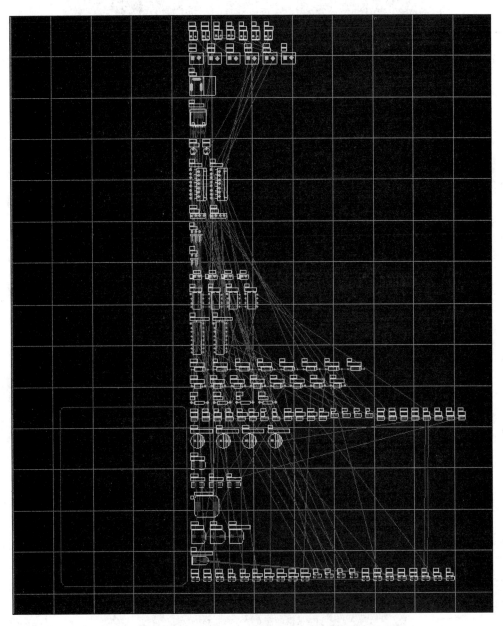

图 12-36　数据转移到"电机驱动电路.PCB"的 PCB 板上

(9) 在图 12-36 中，将元器件移动到 PCB 板的边框内，用前面介绍的方法完成布局、布线的操作，在此不赘述。设计好的"电机驱动电路.PCB"的 PCB 板如图 12-37 所示。

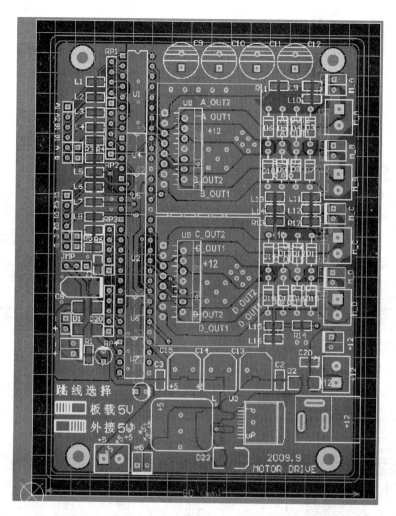

图 12-37 设计好的"电机驱动电路.PCB"的 PCB 板

制作的机器人"电机驱动电路"PCB 板的实物如图 12-38 所示。

图 12-38 机器人"电机驱动电路"PCB 板的实物

12.2　项　目　实　训

实训目的

(1) 熟练掌握自上而下的层次电路设计方法。

(2) 熟练掌握在顶层原理图中放置方块图(Sheet Symbol)符号。

(3) 熟练掌握在方块图内放置端口。

(4) 熟练掌握在方块图之间的连线(Wire)。

(5) 熟练掌握由方块图生成电路原理子图的方法。

(6) 熟练掌握自下而上的层次电路设计方法。

(7) 熟练掌握在子电路图中放置连接电路的输入/输出端口。

(8) 熟练掌握从下层原理图产生上层方块图的方法。

(9) 熟练掌握层次原理图之间的切换方法。

(10) 熟练掌握层次电路图的 PCB 设计。

实训任务

(1) 首先在硬盘上建立一个"层次原理图设计"的文件夹。启动 Protel 99 SE，用已熟悉的方法建立一个"层次原理图设计.ddb"数据库文件并把它保存在"层次原理图设计"的文件夹下。

(2) 画一张主电路图(如 Main_top.Sch)来放置方块图(Sheet Symbol)符号，熟悉自上而下的层次电路设计方法。

(3) 完成图 12-10 所示的放置了方块图(Sheet Symbol)符号的上层原理图设计。

(4) 由方块图生成电路原理子图，完成隔离部分、电机驱动部分两张子图的设计任务。

(5) 熟悉自下而上的层次电路设计方法，完成 Sub3、Sub4、Sub5 的原理图设计，并在 Sub3、Sub4、Sub5 内放置与其他电路图连接的输入/输出端口。

(6) 完成 Sub3、Sub4、Sub5 所对应的顶层的方块图设计。

(7) 完成图 12-31 所示的顶层原理图及其子图的设计，并完成相应的 PCB 图设计，如图 12-37 所示。

项　目　小　结

当设计一个庞大和复杂的电子项目的设计系统时，最好的设计方式是将其按功能分解成相对独立的模块进行设计，可以将各独立部分分配给多个工程人员，让他们独立完成，然后通过顶层图纸将各模块联系起来，这样可以大大缩短开发周期，提高模块电路的复用性并加快设计速度。本项目介绍了层次原理图的设计方法，包括自上而下的层次电路设计、自下而上的层次电路设计及层次原理图的 PCB 设计任务。希望通过本项目的学习，设计者可以得心应手的完成庞大、复杂电路原理图的设计。

学习思考题

1. 简述层次电路原理图在电路设计中的作用。

2. 设计层次电路原理图一般有哪两种方法？各在哪些情况下使用？

3. 上层方块图和下层原理图靠什么进行联系？

4. 层次电路原理图中的端口有哪些作用？在进行端口属性设置时应考虑哪些问题？

5. 应用自下而上的层次电路图设计方法，完成图 12-39 所示的 4 端口的串行接口电路(可参考\Protel 99 SE Winter 09\Examples\Reference Designs\4 Port Serial Inerface)的顶层原理图设计。

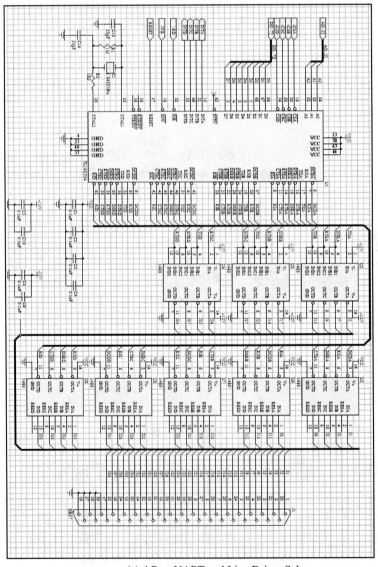

(a) 4 Port UART and Line Driver.Sch

图 12-39　4 端口的串行接口电路的顶层原理图设计

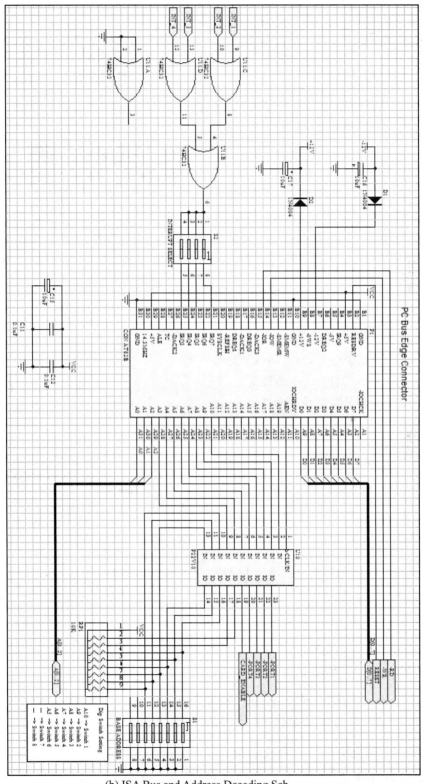

(b) ISA Bus and Address Decoding.Sch

图 12-39　4 端口的串行接口电路的顶层原理图设计(续)

项目 13

电路仿真分析

教学目标

(1) 了解 Protel 99 SE 的仿真元器件库。
(2) 熟练掌握仿真器的设置。
(3) 熟悉多谐振荡器电路仿真。

教学要求

能力目标	相关知识	权重
Protel 99 SE 的仿真元器件库	仿真信号源元件库 仿真数学函数元件库 仿真二极管元件库 仿真三极管元件库 信号仿真传输线元件库	15%
仿真器的设置	一般设置 静态工作点分析 瞬态分析 交流小信号分析	35%
多谐振荡器电路仿真	绘制仿真原理图并添加激励源 仿真器参数设置 信号仿真分析	50%

任务描述

本项目主要介绍了 Protel 99 SE 软件的仿真功能。通过本项目的学习，读者应该掌握仿真的一般步骤，能够应用软件的仿真功能分析原理图，从而缩短电路板设计的周期，提高设计效率。在本项目中需要完成多谐振荡器电路仿真原理图绘制、参数设置、电路仿真分析。它将涵盖以下主题。

(1) 电路仿真的基本知识介绍。

(2) 电路仿真的步骤。

(3) 多谐振荡器电路的仿真。

13.1　仿真元器件库

(1) Protel 99 SE 为用户提供了大部分常用的仿真元器件，仿真元器件库在安装目录下的：D:\Program Files\Design Explorer 99 SE\Library\Sch\Sim.ddb 中，仿真库为 Sim.ddb，其元器件库图标如图 13-1 所示。

图 13-1　仿真库图标

(2) 打开仿真库 Sim.ddb，其中包含以下仿真元器件库，如图 13-2 所示。

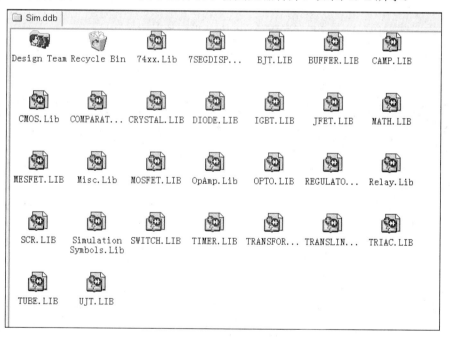

图 13-2　仿真元器件库

(3) 添加仿真库文件的方法，即绘制仿真原理图之前，在原理图编辑环境下，选择 Browse Sch 标签，单击 Add/Remove 按钮，弹出图 13-3 所示添加仿真库对话框，选择安装目录下 D:\Program Files\Design Explorer 99 SE\Library\Sch 中的仿真库文件 Sim.ddb。

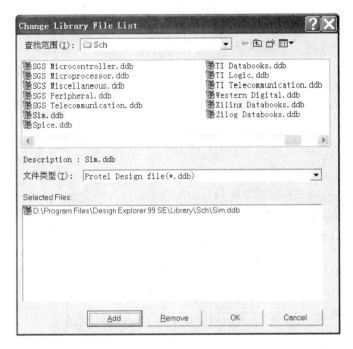

图 13-3　添加仿真库对话框

13.1.1　仿真信号源元件库(Simulation Symbols.Lib)

仿真信号源元件库中共有 34 个仿真元器件，这些仿真源为仿真电路提供激励源、初始条件设置及提供仿真电阻、电容、电感等仿真元器件。

(1) 在原理图中添加图 13-4 所示的两个元件符号，即可实现整个仿真电路的节点电压和初始条件设置。

① .NS。NODE SET (节点设置)。

② .IC。Initial Condition (初始条件)。

(2) BISRC 非线性受控电流源和 BVSRC 非线性受控电压源，如图 13-5 所示。

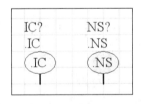

图 13-4　节点设置和初始条件状态定义符

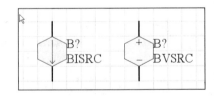

图 13-5　非线性受控源符号

(3) ESRC 线性电压控制电压源、FSRC 线性电流控制电流源、GSRC 线性电压控制电流源和 HSRC 线性电流控制电压源，如图 13-6 所示。每个线性受控源都有两个输入节点和两个输出节点，当输出节点间的电压或电流时，输入节点间的电压或电流的线性函数一般由源的增益、跨导等决定。

(4) VEXP 指数激励电压源和 IEXP 指数激励电流源，如图 13-7 所示。通过这些激励源可创建带有指数上升沿和下降沿的脉冲波形。

(5) ISFFM 单频调频电流源和 VSFFM 单频调频电压源，如图 13-8 所示。通过这些单频调频源可创建单频调频波。

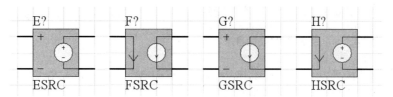

图 13-6　线性受控源符号

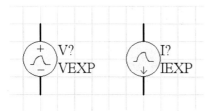

图 13-7　指数激励源符号

图 13-8　单频调频源符号

(6) VPULSE 电压周期脉冲源和 IPULSE 电流周期脉冲源，如图 13-9 所示。利用其可以创建周期性的连续脉冲。

(7) VPWL 分段线性电压源和 IPWL 分段线性电流源，如图 13-10 所示。利用其可以创建任意形状的波形。

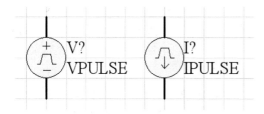

图 13-9　周期脉冲源的符号

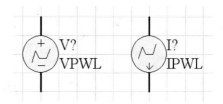

图 13-10　分段线性源符号

(8) VSRC 电压源和 ISRC 电流源，用来激励电路的一个恒定的电压或电流输出，如图 13-11 所示。

(9) VSIN 正弦电压源和 ISI 正弦电流源，通过这些仿真源可创建正弦电压和正弦电流，如图 13-12 所示。

图 13-11　电压/电流源符号

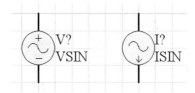

图 13-12　正弦电压/电流源符号

13.1.2　仿真数学函数元件库(Math.LIB)

仿真数学函数元件库中的元件主要是一些仿真数学函数元件，例如求正弦、余弦、绝对值、反正弦、反余弦、开方等数学计算的函数，通过使用这些函数可以对仿真信号进行相关的数学计算，从而得到自己需要的信号。

13.1.3 仿真二极管元件库(DIODE.LIB)

仿真二极管元件库中，包含了非常多的以工业标准部件命名的二极管，图 13-13 简单地列出了仿真库中包含的若干个二极管元件。

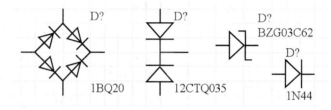

图 13-13　仿真库中的部分二极管类型

13.1.4 仿真三极管元件库(BJT.LIB)

在仿真三极管元件库中，包含了非常多的以工业标准部件命名的三极管，图 13-14 简单地列出了仿真库中包含的若干个三极管。

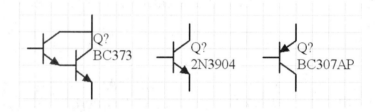

图 13-14　仿真库中的部分三极管类型

13.1.5 信号仿真传输线元件库(TRANSLINE.LIB)

信号仿真传输线元件库包括 3 个信号仿真传输线元件，分别是 URC 均匀分布传输线、LTRA 有损耗传输线和 LLTRA 无损耗传输线，如图 13-15 所示。

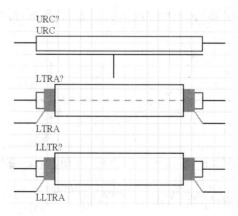

图 13-15　传输线元件

还有许多仿真元器件库，这里就不一一介绍。

13.2　仿真器的设置

完成电路的编辑后，在仿真之前，要选择对电路进行那种分析，设置收集的变量数据以及显示哪些变量的波形。常见的仿真分析有静态工作点分析(Operating Point Analysis)、瞬态分析(Transient Analysis)、直流扫描分析(DC Sweep Analysis)、交流小信号分析(AC Small Signal Analysis)、噪声分析(Noise Analysis)、极点、零点分析(Pole-Zero Analysis)、传递函数分析(Transfer Function Analysis)、温度扫描分析(Temperature Sweep)、参数扫描(Parameter Sweep)、蒙特卡洛分析(Monte Carlo Analysis)等分析。本项目主要讲解后面例子中用到的静态工作点分析、瞬态分析和交流小信号分析的设置方法。

单击 按钮，或执行菜单 Simulate→Setup 命令，弹出图 13-16 所示的仿真分析设置对话框。

13.2.1　一般设置(General Setup)

在仿真分析设置对话框的上面部分的分析选项列表中，列写出了所有的分析选项，选中每个分析选项，下面即可显示出相应的设置项。选中 General 标签，即可在下面的选项中进行一般设置。在 Available Signals 列表中显示的是可以进行仿真分析的信号，在 Active Signals 列表框中显示的是激活的信号，将需要进行仿真的信号，单击 > 和 < 按钮可完成添加或删除激活信号，如图 13-16 所示。

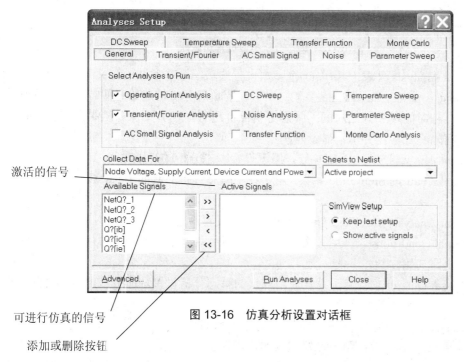

图 13-16　仿真分析设置对话框

13.2.2　静态工作点分析(Operating Point Analysis)

静态工作点分析通常用于对放大电路进行分析，当放大器处于输入信号为零的状态时，电路中各点的状态就是电路的静态工作点。最典型的是放大器的直流偏置参数。当进行静态工作点分析时，不需要设置参数。

13.2.3　瞬态分析(Transient Analysis)

瞬态分析用于分析仿真电路中工作点信号随时间变化的情况。进行瞬态分析之前，设计者要设置瞬态分析的起始和终止时间、仿真时间的步长等参数。在电路仿真分析设置对话框中，选择 Transient/Fourier 标签，在图 13-17 所示的瞬态分析参数设置对话框中进行设置。

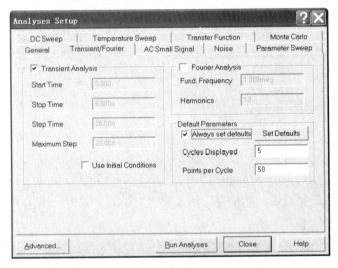

图 13-17　瞬态分析参数设置对话框

在 Transient Analysis 列表中共用 11 个参数设置选项，这些参数的含义分别如下。

(1) Transient Analysis Start Time 参数：用于设置瞬态分析的起始时间。瞬态分析通常从时间零开始，在时间零和开始时间，瞬态分析照样进行，但并不保存结果，而开始时间和终止时间的间隔将保存，并用于显示。

(2) Transient Analysis Stop Time 参数：用于设置瞬态分析的终止时间。

(3) Transient Analysis Step Time 参数：用于设置瞬态分析的时间步长，该步长不是固定不变的。

(4) Transient Analysis Max Step Time 参数：用于设置瞬态分析的最大时间步长。

(5) Use Initial Conditions 项：用于设置电路仿真的初始状态。勾选该项后，仿真开始时将调用设置的电路初始参数。

(6) Always set Default 项：用于设置使用默认的瞬态分析设置，选中该项后，列表中的前四项参数将处于不可修改状态。

(7) Cycles Displayed 参数：用于设置默认的显示周期数。

(8) Points Per Cycle 参数：用于设置默认的每周期仿真点数。

(9) Fourier Analysis 项：用于设置进行傅里叶分析，勾选该项后，系统将进行傅里叶分析，显示频域参数。

(10) Fourier Analysis Fund. Frequency：用于设置进行傅里叶分析的基频。

(11) Fourier Analysis Harmonics：用于设置进行傅里叶分析的谐波次数。

13.2.4 交流小信号分析(AC Small Signal Analysis)

交流小信号分析用于对系统的交流特性进行分析，在频域响应方面显示系统的性能，该分析功能对于滤波器的设计相当有用，通过设置交流信号分析的频率范围，系统将显示该频率范围内的增益。在电路仿真分析设置对话框中，激活 AC Small Signal 选项，在图 13-18 所示的交流小信号分析参数设置对话框中进行设置。

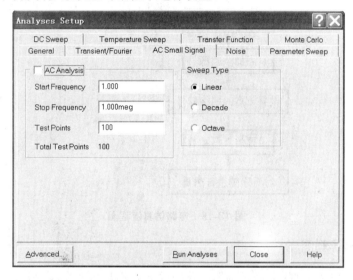

图 13-18 交流小信号分析参数设置对话框

这些参数的含义如下。

(1) Start Frequency 参数：用于设置进行交流小信号分析的起始频率。

(2) Stop Frequency 参数：用于设置进行交流小信号分析的终止频率。

(3) Test Points 参数：表示进行测试的点数。

(4) Total Test Points 参数：表示测试中的测试点数。

(5) Sweep 参数：用于设置交流小信号分析的频率扫描的方式，系统提供了 3 种频率扫描方式，其中 Linear 项表示对频率进行线性扫描，Decade 项表示采用 10 的指数方式进行扫描，Octave 项表示采用 8 的指数方式进行扫描。

13.3 多谐振荡器电路仿真实例

在学习前面关于电路仿真的基本知识后，将对项目 2 的多谐振荡器电路进行仿真。电路仿真的一般步骤如下。

(1) 找到仿真原理图中所有需要的仿真元件，如果仿真元件库中没有所用的元件，必须事先建立其仿真库文件，并添加仿真模型。

(2) 仿真元件的放置和电路的连接，并且添加激励源。

(3) 在需要绘制仿真数据的节点处添加网络标号。

(4) 仿真器参数设置。

(5) 电路仿真并分析仿真结果。

其电路仿真的流程图如图 13-19 所示。

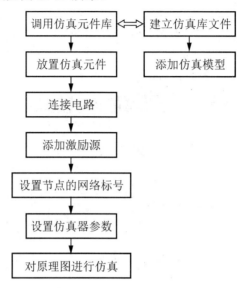

图 13-19　电路仿真流程图

13.3.1　绘制仿真原理图

由于在项目 2 中绘制的多谐振荡器电路中的元件不是仿真库内的元件，不能进行仿真，所以在此需要调用仿真库的元件，重新绘制多谐振荡器的原理图。

绘制仿真原理图操作步骤如下。

(1) 首先在硬盘上建立一个仿真文件夹。用已熟悉的方法建立一个"仿真.ddb"数据库文件并把它保存在"仿真"的文件夹下。执行主菜单 File→New 命令，弹出 New Document 对话框，选择 Schematic Document 图标，单击 OK 按钮，新建一个默认名称为 Sheet1.Sch 的空白原理图文档，把它更名为"仿真.Sch"。

(2) 加载仿真库文件。选择 Browse Sch 标签，单击 Add/Remove 按钮，弹出图 13-20 所示添加仿真库对话框，选择安装目录下 D:\Program Files\Design Explorer 99 SE\Library\Sch 的仿真库文件 Sim.ddb。

(3) 放置仿真元件。选择仿真三极管库文件 BJT.LIB，如图 13-21 所示，放置 2N3904；选择 Simulation Symbols.Lib 库，放置电阻 R1～R4、电容 C1～C2。

(4) 放置仿真电源。执行菜单 Simulate→Soures→+12 Volts DC 命令，在工作区放置一个+12V 的电压源，如图 13-22 所示。

放置完毕后，单击元件，弹出元件属性对话框，如图 13-23 所示，修改其参数，设置 Designator 为 V1、Part Type 为+12。

图 13-21　放置三极管 2N3904

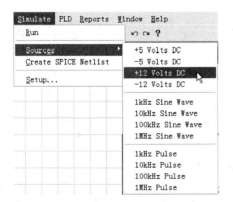

图 13-20　添加仿真库对话框

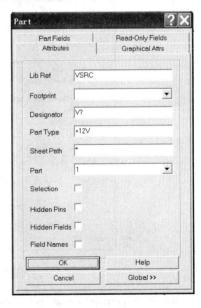

图 13-23　仿真电压源属性设置对话框

图 13-22　放置激励源+12v 的电压源

(5) 连接电路，并放置网络标号：Q1b、Q1c、Q2b、Q2c、GND，如图 13-24 所示。

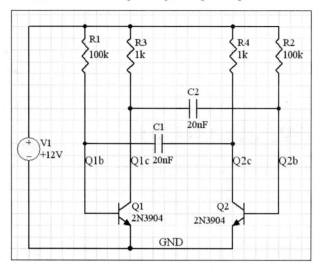

图 13-24　多谐振荡器仿真原理图

13.3.2　仿真器参数设置

(1) 单击 按钮，或执行菜单 Simulate→Setup 命令，弹出 13-25 所示的对话框，分别双击 Q1B、Q1C、Q2B、Q2C，把它们添加到 Active Signals 内，如图 13-25 所示。

(2) 在 Collect Data For 栏，从列表中选择 Node Voltage，Supply Current，Device Current and Power 项。

(3) 为这个分析选中 Operating Point Analysis 和 Transient Fourier Analysis 复选框。

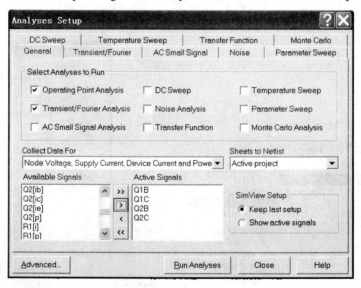

图 13-25　仿真器一般参数设置

(4) 激活 Transient Analysis 选项，取消选中 Always set Defaults 复选框，设置 Transient Analysis 的 Stop Time 为 10ms，指定一个 10ms 的仿真窗口；设置 Transient Analysis 的 Step

Time 为 10us，表示仿真可以每 10us 显示一个点；设置 Transient Analysis 的 Maximum Step 为 10us，如图 13-26 所示。

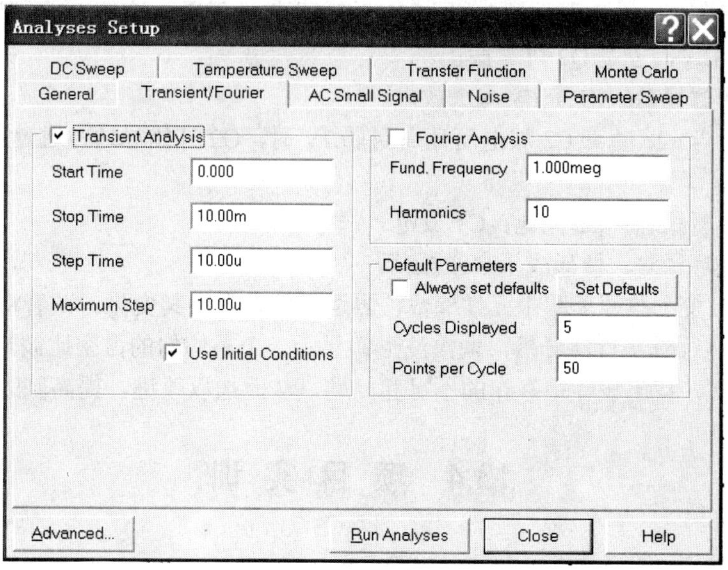

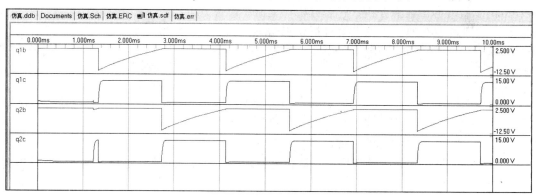

图 13-26 瞬态特性参数设置

13.3.3 信号仿真分析

单击图 13-24 中的 Run Analyses 按钮运行仿真，其仿真波形如图 13-27 所示。

图 13-27 瞬态分析仿真波形

从图 13-27 中可以看出，多谐振荡器电路是一种矩形波产生电路。这种电路不需要外加触发信号，便能连续地、周期性地自行产生矩形脉冲。该脉冲是由基波和多次谐波构成，因此称为多谐振荡器电路。又因为其没有稳定的工作状态，多谐振荡器也称为无稳态电路。具体地说，如果一开始多谐振荡器处于 0 状态，那么它在 0 状态停留一段时间后将自动转入 1 状态，在 1 状态停留一段时间后又将自动转入 0 状态，如此周而复始，输出矩形波。因此，其常用作脉冲信号源及时序电路中的时钟信号。

多谐振荡器工作原理如下。

开始：由于电路参数的微小差异，故正反馈使一支管子饱和另一支截止，出现一个暂稳态，设 Q1 饱和，Q2 截止。

(1) 正反馈：Q1 饱和瞬间，q1c 由+12V 突变到接近于零，迫使 Q2 的基极电位 q2b 瞬间下降到接近-12V，于是 Q2 可靠截止。

(2) 第一个暂稳态：C1 充电；C2 放电。

(3) 翻转：当 q2b 随着 C2 放电而升高到+0.7V 时，Q2 开始导通，通过正反馈使 Q1 截止，Q2 饱和。

(4) 第二个暂稳态：C2 充电；C1 放电。

(5) 不断循环往复，便形成了自激振荡。

读者可以改变一些原理图中元件参数，再运行仿真观察其变化。试着将 C1 的值改为 47nF，然后再运行瞬态特性分析，输出波形将显示一个不均匀的占空比波形。设计者可以借助这些波形图，找出设计中存在的不足和问题，从而加以改进，提高制版的成功率。

13.4 项 目 实 训

实训目的

(1) 熟练掌握加载仿真库的方法。

(2) 了解常用的仿真元器件库。

(3) 熟悉仿真器的一般设置。

(4) 了解静态工作点分析、瞬态分析、交流小信号分析。

(5) 熟悉电路仿真的方法并会分析仿真结果。

实训任务

(1) 首先在硬盘上建立一个"仿真"的文件夹。启动 Protel 99 SE，用已熟悉的方法建立一个"仿真.ddb"数据库文件并把它保存在"仿真"的文件夹下。

(2) 添加仿真库 SIM.ddb 文件。

(3) 绘制图 13-24 所示的多谐振荡器仿真原理图。注意：原理图内的元件一定要是仿真库内的元件。

(4) 完成仿真器一般参数(General)的设置，进行多谐振荡器的瞬态分析(Transient)。

项 目 小 结

为了减少新的电子产品设计的周期，提高设计效率，在计算机上进行电路仿真是一个良好的设计方法。本项目介绍了常用的仿真元器件库和电路仿真的静态工作点分析、瞬态分析、交流小信号分析。通过多谐振荡器电路仿真实例，介绍了怎样加载仿真库；怎样查找仿真原理图中所有需要的仿真元件；仿真元件的放置和电路的连接，并且添加激励源；在需要绘制仿真数据的节点处添加网络标号；仿真器参数设置；电路仿真并分析仿真结果等内容。

学习思考题

1. 什么是电路仿真?叙述电路仿真的一般步骤。

2. 仿真原理图中的元器件与一般原理图中的元器件是否相同?为什么?如何加载仿真原理图库?

3. 仿真初始状态的设置有什么意义?如何设置?

4. 采用 Protel 99 SE 进行电路仿真的基本流程是什么?

5. 完成 555 非稳态多谐振荡器的仿真分析,其电路图如图 13-28 所示。

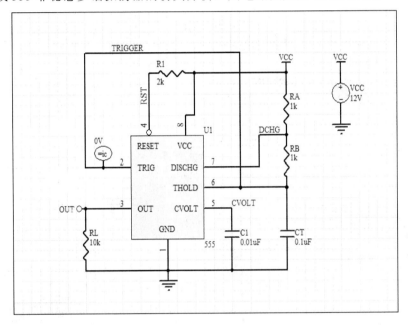

图 13-28　555 非稳态多谐振荡器仿真电路图

6. 完成交流转直流的电源电路的仿真分析,其电路图如图 13-29 所示。

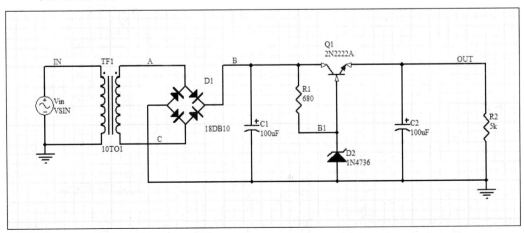

图 13-29　交流转直流的电源电路仿真电路图

Protel 99 SE 常用元器件符号及封装形式

序号	中文名称	名称	原理图符号	封装名称	元件封装形式	备注
1	标准电阻	RES1 RES2		AXIAL0.3-AXIAL1.0		
2	两端口可变电阻	RES3 RES4				
3	三端口可变电阻	RESISTOR TAPPED POT1 POT2		VR1-VR5		
4	无极性电容	CAP		RAD0.1-RAD0.4		
5	可调电容	CAPVAR		RAD0.4		
6	极性电容	ELECTRO1 ELECTRO2		RB.2/.4-RB.5/1.0		其中，".2"为焊盘间距，".4"为电容圆筒的外径
7	钽电容	CAPACITOR POL		POLAR-0.6		
8	普通二极管	DIODE				注意做PCB时别忘了将封装DIODE的端口改为A、K
9	发光二极管	LED		DIODE0.4、DIODE0.7		
10	稳压二极管	ZENER1~3				

续表

序号	中文名称	名称	原理图符号	封装名称	元件封装形式	备注
11	整流桥	BRIDGE1 BRIDGE2		D-44，D-37，D-46		
12	大功率晶体管	NPN、PNP		TO-3 系列		
	中功率晶体管			TO-220		扁平封装
				TO-66		金属壳封装
	小功率晶体管			TO-5，TO-46，TO-92A		
13	效应管	MOSFET				与晶体管封装形式类似
		JFET				
14	晶闸管	SCR		TO-92B		
15	双向晶闸管	TRIAC		TO-92A		
16	集成电路	双列直插元件（6801）		DIP 系列（DIP40）		
		555 定时器		DIP8		

序号	中文名称	名称	原理图符号	封装名称	元件封装形式	备注
16	集成电路	运算放大器（OP07）		DIT8		
		TRANS2		TRF_EI54_1		
		TRANS1				
19	仪表	METER				
20	伺服电机	MOTOR SERVO		RAD0.4		
21	氖泡	NEON				
22	电源	二端电源	BATTERY	SIP2		
23	石英晶体振荡器	CRYSTAL	CRYSTAL	XTAL1		
24	光耦合器	OPTOISO1		DIP4		
		OPTOISO2		BNC-5		
25	按钮	SW-PB		RAD0.4		
26	单刀刀掷开关	SW-SPST		RAD0.3		
27	AC插座	PLUG AC FEMALE		SIP3		

序号	中文名称	名称	原理图符号	封装名称	元件封装形式	备注
28	三端稳压器	LM317		SIP3		
29	话筒	MICROPHONE2				
30	电铃	BELL		RAD0.4		
31	扬声器	SPEAKER				
32	白炽灯	LAMP				
33	电感	INDUCTOR		RAD0.3		
34	铁心电感	INDUCTOR IRON		AXIAL-0.9		
35	熔断器	FUSE1		FUSE1		
36	单排多针插座	CON6		SIP6		
37	D型连接件	DB9		DB9FS		
38	双列插头	HEADER 8X2		HDR2X8		

参 考 文 献

[1] 王静. Altium Designer Winter 09 电路设计案例教程[M]. 北京：中国水利水电出版社，2010.

[2] 蔡杏山. Protel 99 SE 电路设计[M]. 北京：人民邮电出版社，2007.

[3] 邱寄帆. Protel 99 SE 印制电路板设计与仿真[M]. 北京：人民邮电出版社，2008.

[4] 廖焕霖. Protel 99 电路板设计者必读[M]. 北京：冶金工业出版社，2000.

[5] 徐向民. Altium Designer 快速入门[M]. 北京：北京航空航天大学出版社，2008.

[6] 朱勇. Protel DXP 入门与提高[M]. 北京：清华大学出版社，2004.

[7] 米昶. Protel 2004 电路设计与仿真[M]. 北京：机械工业出版社，2006.

[8] 尹勇. Protel DXP 电路设计入门与进阶[M]. 北京：科学出版社，2004.

北京大学出版社高职高专机电系列规划教材

序号	书号	书名	编著者	定价	出版日期
1	978-7-301-12181-8	自动控制原理与应用	梁南丁	23.00	2012.1 第 3 次印刷
2	978-7-5038-4861-2	公差配合与测量技术	南秀蓉	23.00	2011.12 第 4 次印刷
3	978-7-5038-4865-0	CAD/CAM 数控编程与实训(CAXA 版)	刘玉春	27.00	2011.2 第 3 次印刷
4	978-7-5038-4869-8	设备状态监测与故障诊断技术	林英志	22.00	2011.8 第 3 次印刷
5	978-7-301-13262-3	实用数控编程与操作	钱东东	32.00	2011.8 第 3 次印刷
6	978-7-301-13383-5	机械专业英语图解教程	朱派龙	22.00	2012.2 第 4 次印刷
7	978-7-301-13582-2	液压与气压传动技术	袁 广	24.00	2011.3 第 3 次印刷
8	978-7-301-13662-1	机械制造技术	宁广庆	42.00	2010.11 第 2 次印刷
9	978-7-301-13574-7	机械制造基础	徐从清	32.00	2012.7 第 3 次印刷
10	978-7-301-13653-9	工程力学	武昭晖	25.00	2011.2 第 3 次印刷
11	978-7-301-13652-2	金工实训	柴增田	22.00	2011.11 第 3 次印刷
12	978-7-301-14470-1	数控编程与操作	刘瑞已	29.00	2011.2 第 2 次印刷
13	978-7-301-13651-5	金属工艺学	柴增田	27.00	2011.6 第 2 次印刷
14	978-7-301-12389-8	电机与拖动	梁南丁	32.00	2011.12 第 2 次印刷
15	978-7-301-13659-1	CAD/CAM 实体造型教程与实训 (Pro/ENGINEER 版)	诸小丽	38.00	2012.1 第 3 次印刷
16	978-7-301-13656-0	机械设计基础	时忠明	25.00	2012.7 第 3 次印刷
17	978-7-301-17122-6	AutoCAD 机械绘图项目教程	张海鹏	36.00	2011.10 第 2 次印刷
18	978-7-301-17148-6	普通机床零件加工	杨雪青	26.00	2010.6
19	978-7-301-17398-5	数控加工技术项目教程	李东君	48.00	2010.8
20	978-7-301-17573-6	AutoCAD 机械绘图基础教程	王长忠	32.00	2010.8
21	978-7-301-17557-6	CAD/CAM 数控编程项目教程(UG 版)	慕 灿	45.00	2012.4 第 2 次印刷
22	978-7-301-17609-2	液压传动	龚肖新	22.00	2010.8
23	978-7-301-17679-5	机械零件数控加工	李 文	38.00	2010.8
24	978-7-301-17608-5	机械加工工艺编制	于爱武	45.00	2012.2 第 2 次印刷
25	978-7-301-17707-5	零件加工信息分析	谢 蕾	46.00	2010.8
26	978-7-301-18357-1	机械制图	徐连孝	27.00	2011.1
27	978-7-301-18143-0	机械制图习题集	徐连孝	20.00	2011.1
28	978-7-301-18470-7	传感器检测技术及应用	王晓敏	35.00	2012.7 第 2 次印刷
29	978-7-301-18471-4	冲压工艺与模具设计	张 芳	39.00	2011.3
30	978-7-301-18852-1	机电专业英语	戴正阳	28.00	2011.5
31	978-7-301-19272-6	电气控制与 PLC 程序设计（松下系列）	姜秀玲	36.00	2011.8
32	978-7-301-19297-9	机械制造工艺及夹具设计	徐 勇	28.00	2011.8
33	978-7-301-19319-8	电力系统自动装置	王 伟	24.00	2011.8
34	978-7-301-19374-7	公差配合与技术测量	庄佃霞	26.00	2011.8
35	978-7-301-19436-2	公差与测量技术	余 键	25.00	2011.9
36	978-7-301-19010-4	AutoCAD 机械绘图基础教程与实训(第 2 版)	欧阳全会	36.00	2012.1
37	978-7-301-19638-0	电气控制与 PLC 应用技术	郭 燕	24.00	2012.1
38	978-7-301-19933-6	冷冲压工艺与模具设计	刘洪贤	32.00	2012.1
39	978-7-301-20002-5	数控机床故障诊断与维修	陈学军	38.00	2012.1
40	978-7-301-20312-5	数控编程与加工项目教程	周晓宏	42.00	2012.3
41	978-7-301-20414-6	Pro/ENGINEER Wildfire 产品设计项目教程	罗 武	31.00	2012.5
42	978-7-301-15692-6	机械制图	吴百中	26.00	2012.7 第 2 次印刷
43	978-7-301-20945-5	数控铣削技术	陈晓罗	42.00	2012.7
44	978-7-301-21053-6	数控车削技术	王军红	28.00	2012.8
45	978-7-301-21119-9	数控机床及其维护	黄应勇	38.00	2012.8
46	978-7-301-20752-9	液压传动与气动技术(第 2 版)	曹建东	40.00	2012.8
47	978-7-301-21147-2	Protel 99 SE 印制电路板设计案例教程	王 静	35.00	2012.8

北京大学出版社高职高专电子信息系列规划教材

序号	书号	书名	编著者	定价	出版日期
1	978-7-301-12180-1	单片机开发应用技术	李国兴	21.00	2010.9 第 2 次印刷
2	978-7-301-12386-7	高频电子线路	李福勤	20.00	2010.3 第 2 次印刷
3	978-7-301-12384-3	电路分析基础	徐 锋	22.00	2010.3 第 2 次印刷
4	978-7-301-13572-3	模拟电子技术及应用	刁修睦	28.00	2012.8 第 3 次印刷
5	978-7-301-12390-4	电力电子技术	梁南丁	29.00	2010.7 第 2 次印刷
6	978-7-301-12383-6	电气控制与 PLC(西门子系列)	李 伟	26.00	2012.3 第 2 次印刷
7	978-7-301-12387-4	电子线路 CAD	殷庆纵	28.00	2012.7 第 4 次印刷
8	978-7-301-12382-9	电气控制及 PLC 应用(三菱系列)	华满香	24.00	2012.5 第 2 次印刷
9	978-7-301-16898-1	单片机设计应用与仿真	陆旭明	26.00	2012.4 第 2 次印刷
10	978-7-301-16830-1	维修电工技能与实训	陈学平	37.00	2010.7
11	978-7-301-17324-4	电机控制与应用	魏润仙	34.00	2010.8
12	978-7-301-17569-9	电工电子技术项目教程	杨德明	32.00	2012.4 第 2 次印刷
13	978-7-301-17696-2	模拟电子技术	蒋 然	35.00	2010.8
14	978-7-301-17712-9	电子技术应用项目式教程	王志伟	32.00	2012.7 第 2 次印刷
15	978-7-301-17730-3	电力电子技术	崔 红	23.00	2010.9
16	978-7-301-17877-5	电子信息专业英语	高金玉	26.00	2011.11 第 2 次印刷
17	978-7-301-17958-1	单片机开发入门及应用实例	熊华波	30.00	2011.1
18	978-7-301-18188-1	可编程控制器应用技术项目教程(西门子)	崔维群	38.00	2011.1
19	978-7-301-18322-9	电子 EDA 技术(Multisim)	刘训非	30.00	2012.7 第 2 次印刷
20	978-7-301-18144-7	数字电子技术项目教程	冯泽虎	28.00	2011.1
21	978-7-301-18470-7	传感器检测技术及应用	王晓敏	35.00	2011.1
22	978-7-301-18630-5	电机与电力拖动	孙英伟	33.00	2011.3
23	978-7-301-18519-3	电工技术应用	孙建领	26.00	2011.3
24	978-7-301-18770-8	电机应用技术	郭宝宁	33.00	2011.5
25	978-7-301-18520-9	电子线路分析与应用	梁玉国	34.00	2011.7
26	978-7-301-18622-0	PLC 与变频器控制系统设计与调试	姜永华	34.00	2011.6
27	978-7-301-19310-5	PCB 板的设计与制作	夏淑丽	33.00	2011.8
28	978-7-301-19326-6	综合电子设计与实践	钱卫钧	25.00	2011.8
29	978-7-301-19302-0	基于汇编语言的单片机仿真教程与实训	张秀国	32.00	2011.8
30	978-7-301-19153-8	数字电子技术与应用	宋雪臣	33.00	2011.9
31	978-7-301-19525-3	电工电子技术	倪 涛	38.00	2011.9
32	978-7-301-19953-4	电子技术项目教程	徐超明	38.00	2012.1
33	978-7-301-20000-1	单片机应用技术教程	罗国荣	40.00	2012.2
34	978-7-301-20009-4	数字逻辑与微机原理	宋振辉	49.00	2012.1
35	978-7-301-20706-2	高频电子技术	朱小样	32.00	2012.6
36	978-7-301-21055-0	单片机应用项目化教程	顾亚文	32.00	2012.8

请登录 www.pup6.cn 免费下载本系列教材的电子书(PDF 版)、电子课件和相关教学资源。

欢迎免费索取样书,并欢迎到北京大学出版社来出版您的大作,可在 www.pup6.cn 在线申请样书和进行选题登记,也可下载相关表格填写后发到我们的邮箱,我们将及时与您取得联系并做好全方位的服务。

联系方式:010-62750667,yongjian3000@163.com,linzhangbo@126.com,欢迎来电来信。